浙江省高职院校"十四五"重点立项建设教材

高等职业教育人工智能工程技术系列教材

人工智能概论

黄林国　汪国华　主　编

陈　林　郑华东　副主编

U0209401

电子工业出版社

Publishing House of Electronics Industry

北京 · BEIJING

内容简介

本书以培养学生人工智能素养、人工智能思维和人工智能基本应用能力为编写理念，面向高职高专院校各专业学生，使用通俗易懂的语言，深入浅出地介绍人工智能的基本概念、基本知识和相关应用。全书共分 7 章，主要内容包括人工智能概述、人工智能生态、人工智能软/硬件平台、机器学习、人工神经网络与深度学习、计算机视觉和自然语言处理。

本书着重介绍人工智能通识性知识和实用性技能，既可作为高职高专院校、中等职业学校学生学习人工智能的通识课教材，也可作为计算机类、电子信息类相关专业人工智能课程的入门教材。此外，本书还可供广大读者作为人工智能学习与实践的参考用书。

图书在版编目（CIP）数据

人工智能概论 / 黄林国，汪国华主编. -- 北京：
电子工业出版社，2024. 7. -- ISBN 978-7-121-48288-5

Ⅰ. TP18

中国国家版本馆 CIP 数据核字第 20240NF545 号

责任编辑：徐建军　　　文字编辑：赵　娜

印　　刷：河北鑫兆源印刷有限公司

装　　订：河北鑫兆源印刷有限公司

出版发行：电子工业出版社
　　　　　北京市海淀区万寿路 173 信箱　邮编　100036

开　　本：787×1 092　1/16　印张：11.5　字数：294.4 千字

版　　次：2024 年 7 月第 1 版

印　　次：2025 年 1 月第 2 次印刷

印　　数：3 500 册　　定价：58.00 元

凡所购买电子工业出版社图书有缺损问题，请向购买书店调换。若书店售缺，请与本社发行部联系，联系及邮购电话：（010）88254888，88258888。

质量投诉请发邮件至 zlts@phei.com.cn，盗版侵权举报请发邮件至 dbqq@phei.com.cn。

本书咨询联系方式：（010）88254570，xujj@phei.com.cn。

前言
Preface

2016 年 3 月，在一场举世瞩目的人机对弈围棋比赛中，被称为 AlphaGo（阿尔法围棋）的机器人以 4∶1 的战绩战胜了围棋世界冠军李世石，引爆了人工智能技术的关注度。乘飞机和高铁时通过人脸识别进行检票、像人类一样进行聊天交流的机器人程序 ChatGPT、像人一样活动灵活的波士顿机器狗、无人驾驶的汽车……不断面世的人工智能应用产品让我们惊讶地发现，不经意间，人工智能时代已经悄然来临。

经过 70 多年的发展，人工智能学科已进入新的阶段。党的二十大报告提出，推动战略性新兴产业融合集群发展，构建新一代信息技术、人工智能等一批新的增长引擎。同时，在移动互联网、大数据、云计算、脑科学等新理论、新技术，以及经济社会强烈发展需求的共同驱动下，人工智能呈现出深度学习、跨界融合、人机协同、群智开放、自主操控等新特征。

2016 年，中国工程院启动了"中国人工智能 2.0 发展战略研究"重大咨询项目，该项目被简称为"AI2.0"。2017 年 7 月，国务院印发《新一代人工智能发展规划》（国发〔2017〕35 号），这是自 21 世纪以来我国发布的第一个关于人工智能的系统性战略规划。这一规划提出了面向 2030 年我国新一代人工智能发展的指导思想、战略目标、重点任务和保障措施，明确了我国新一代人工智能的发展愿景：2020 年，人工智能总体技术和应用与世界先进水平同步，人工智能产业成为新的重要经济增长点，人工智能技术应用成为改善民生的新途径；2025 年，人工智能基础理论实现重大突破，部分技术与应用达到世界领先水平，人工智能成为我国产业升级和经济转型的主要动力，智能社会建设取得积极进展；2030 年，人工智能理论、技术与应用总体达到世界领先水平，中国成为世界主要人工智能创新中心。

2018 年 4 月，教育部《高等学校人工智能创新行动计划》（教技〔2018〕3 号）中明确提出要完善人工智能领域人才培养体系，推动人工智能教材和在线开放课程建设，将人工智能纳入大学计算机基础教学内容。在高等职业教育层面普及并开展人工智能基础教育已势在必行。为此，我们积极响应教育部号召，对高等职业院校人工智能通识教育进行积极探索和实践，并基于高等职业教育的特点编写本书。本书系统阐述人工智能的基本原理、实现技术及其应用，全面介绍国内外人工智能研究领域的最新进展和发展方向，主要内容包括人工智能概述、人工智能生态、人工智能的软/硬件平台、机器学习、人工神经网络与深度学习、计算机视觉和自然语言处理。

本书是面向高等职业各专业学生的人工智能通识课程教材，旨在重点培养学生在智能时代的人工智能素养、人工智能思维和人工智能基本应用能力。本书具有以下特色。

（1）理论够用。高职教材需要有一定的理论知识，但作为面向所有专业学生的通识类课程教材，不宜讲解过于深奥的理论知识。因此，理论知识的选择就很重要，不仅要够用且适用，而且还要易学且易懂。本书用通俗易懂的语言，深入浅出地介绍人工智能理论体系及应用，有助于学生理解人工智能技术的全貌和来龙去脉。本书注重算法思想的介绍，简化了算法的数学推导，让学生在课堂上就能够"听得懂，学得会"。

（2）教学案例丰富。本书对人工智能领域广为人知的案例进行了剖析和讲解，并展示了人工智能在各个领域的新应用。同时，本书还提供配套的微课视频、教学课件、习题及答案等多种教学资源。

（3）体现通识性、实用性和可读性。在介绍人工智能知识体系及其丰富应用的基础上，让学生亲身体验人工智能技术以及人工智能技术对未来的影响，激发学生学习人工智能技术的兴趣并为进一步学习打下基础。

（4）融入思政元素。本书在编写过程中注重思政元素的融入，如从多个角度介绍人工智能的发展历史及这一领域中杰出的科学家成功的故事，使学生从中得到启迪和鼓舞；介绍我国人工智能战略，以及我国在人工智能领域取得的丰富成果，以激发学生科技报国的家国情怀和使命担当。通过学习相关案例，引导学生树立正确的社会主义世界观、人生观和价值观，弘扬精益求精的专业精神、职业精神和工匠精神，培养学生的创新意识，激发学生的爱国热情。

本书由黄林国、汪国华担任主编，陈林、郑华东担任副主编。全书由黄林国统稿。参加本书编写的还有牟维文。在本书编写过程中，编者参考了大量的书籍和资料，在此，谨向这些书籍和资料的作者表示感谢。

为了方便教师教学，本书配有电子教学课件、习题及答案、微课视频（扫描书中二维码浏览）等教学资源，请有此需要的教师或读者登录华信教育资源网（www.hxedu.com.cn）注册后免费下载，如有问题可在华信教育资源网的网站留言板留言。

由于编者水平有限，虽然在编写本书过程中力求精确，也进行了多次校正，但书中难免存在一些疏漏和不足，希望广大同行、专家和读者给予批评和指正。

编　者

目 录
Contents

第1章

人工智能概述

素养目标

● 通过学习人工智能起源与发展史，培养学生的科学精神、奋斗精神和开拓创新精神；
● 学习人工智能科学家的先进事迹，培养学生探索未知、追求真理、勇攀科学高峰的责任感和使命感；
● 通过对我国人工智能发展状况的了解，激发学生科技报国的家国情怀和使命担当。

知识目标

● 掌握人工智能的定义及分类；
● 熟悉图灵测试；
● 熟悉人工智能研究的符号主义学派、连接主义学派和行为主义学派的主要观点；
● 熟悉人工智能的主要研究领域：感知问题、模式识别、博弈、搜索、自然语言处理、专家系统和机器人学；
● 了解人工智能的发展史和我国人工智能的发展状况。

能力目标

● 能够正确认识人工智能在经济社会发展中的作用；
● 能够举例说明人工智能在工作、学习、生活中的应用；
● 会使用人工智能诗歌写作、文心一言等工具。

思维导图

```
第1章
人工智能概述
├─ 人工智能的概念
│   ├─ 人工智能的定义
│   │   ├─ 研究、开发用于模拟、延伸和扩展人的智能的理论、方法、技术及应用系统的一门新的技术科学
│   │   ├─ 会听、会看、会说、会思考、会学习、会行动
│   │   └─ 涉及计算机科学、脑科学、认知科学、心理学、语言学、逻辑学、哲学
│   └─ 图灵测试
│       ├─ 超过30%的询问者判别不出哪一边是人，哪一边是计算机
│       └─ 2014年6月7日，"尤金·古兹特曼"超级计算机伪装成13岁的乌克兰男孩，被认作人类的比例达到33%，成功通过了图灵测试
├─ 人工智能的发展
│   ├─ 代表人物和事件
│   │   ├─ 艾伦·图灵，冯·诺依曼，约翰·麦卡锡
│   │   └─ 1956年达特茅斯会议
│   ├─ 人工智能发展史
│   │   ├─ 起步发展期（1956—1975年）
│   │   ├─ 第一次低谷期（1976—1981年）
│   │   ├─ 应用发展期（1982—1986年）
│   │   ├─ 第二次低谷期（1987—1996年）
│   │   ├─ 稳步发展期（1997—2010年）
│   │   └─ 蓬勃发展期（2011年至今）
│   └─ 我国人工智能的发展状况
│       ├─ 2017年7月《新一代人工智能发展规划》
│       ├─ 2019年3月《关于促进人工智能和实体经济深度融合的指导意见》
│       └─ 2021年国家"十四五"规划
├─ 人工智能的分类
│   ├─ 弱人工智能    只具有单方面的能力
│   ├─ 强人工智能    在各方面都能和人类智能比肩
│   └─ 超人工智能    智能程度比人类还要高
├─ 人工智能研究的主要学派
│   ├─ 符号主义学派    源于数理逻辑，定理证明，知识图谱，专家系统
│   ├─ 连接主义学派    源于仿生学，神经元网络与深度学习
│   └─ 行为主义学派    源于控制论，基于"感知—行动"的行为智能模拟
└─ 人工智能的主要研究领域
    ├─ 感知问题        计算机的视觉和声音处理
    ├─ 模式识别        研究模式的自动处理和判读
    ├─ 博弈           起源于下棋，博弈树，状态空间搜索
    ├─ 搜索           广度优先搜索，深度优先搜索，启发式搜索
    ├─ 自然语言处理     人机对话和机器翻译
    ├─ 专家系统        模拟人类专家的经验和知识，解决特定问题
    └─ 机器人学        研究机器人的控制与被处理物体之间的相互关系，第一个拥有公民身份的机器人索菲亚
```

1.1　人工智能的概念

自 1946 年第一台电子计算机 ENIAC 诞生以来，人们一直希望计算机能够具有更加强大的功能，人工智能（Artificial Intelligence，AI）的出现使计算机变得更加智能。目前对人工智能的研究已取得了许多成果，并在多个领域得到了广泛的应用，极大地影响并改变着人们的工作、学习和生活。

1.1.1　人工智能的定义

人工智能，顾名思义就是计算机具有了人类的习性，利用计算机可以解决以往只有人类才能解决的问题。人工智能是研究、开发用于模拟、延伸和扩展人的智能的理论、方法、技术及应用系统的一门新的技术科学。研究人工智能的目的是促使人工智能机器会听（语音识别、机器翻译等）、会看（图像识别、文字识别等）、会说（语音合成、人机对话等）、会思考（人机对弈、定理证明等）、会学习（机器学习、知识表示等）、会行动（机器人、自动驾驶汽车等）。

智能是人类具有的特征之一，然而，关于人工智能的科学定义，学术界至今还没有统一的认识和公认的阐述。人工智能发展至今，不同时期、不同领域的学者对人工智能有着不同的理解。

1956 年由麦卡锡、明斯基、香农等学者共同发起的达特茅斯会议，首次提出人工智能这一概念：人工智能就是让机器的行为看起来像人类所表现出的智能行为一样。

1978 年，贝尔曼采用认知模型的方法——关于人类思维工作原理可检测的理论，提出人工智能是指那些与人的思维、决策、问题求解和学习等有关活动的自动化。

1983 年，在《大英百科全书》中对人工智能是这样定义的：人工智能是数字计算机或计算机控制的机器人，拥有解决通常与人类更高智能处理能力相关问题的能力。

1985 年，查尼艾克和麦克德莫特提出：人工智能是用计算模型来研究智力和能力。

1991 年，伊莱恩·里奇在《人工智能》一书中给出的人工智能的定义为：人工智能是研究如何让计算机完成当下人类更擅长的事情。

总体来讲，对人工智能的定义大体上可分为四类：机器"像人一样思考""像人一样行动""理性地思考""理性地行动"。从根本上来讲，人工智能几乎涉及了自然科学和社会科学的所有学科，研究如何实现计算机模拟人类的某些思维过程和智能行为，包括计算机实现智能的原理、制造类似人脑智能的计算机等，从而使计算机能够实现更高层次的应用。

时至今日，人工智能的内涵已经得到扩展，涉及计算机科学、脑科学、认知科学、心理学、语言学、逻辑学、哲学等多门学科，是一门交叉学科，如图 1-1 所示。

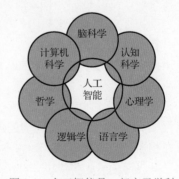

图 1-1　人工智能是一门交叉学科

1.1.2 图灵测试

"计算机的智能"这一概念最早出现在 1950 年，是由艾伦·图灵（Alan Turing）（见图 1-2）提出来的。他在其论文《计算机器与智能》一文中讨论了如何验证机器是否具有智能的方法。这个方法就是后来的计算机领域所熟知的图灵测试（见图 1-3）：让一台计算机（A）和一个人（B）同时躲在幕后，然后让询问者（C）与二者分别进行交流（通过键盘、话筒或其他输入装置），如果有超过 30% 的询问者判别不出哪一边是人，哪一边是计算机，这时候就可以说机器已经产生了智能，即机器智能。

图灵预测，到 2000 年，人类应该可以用 10GB 的计算机设备，制造出可以在 5 分钟的问答中骗过 30% 成年人的人工智能。

图 1-2　艾伦·图灵

图 1-3　图灵测试

图灵还为这项测试亲自拟定了以下几个示范性的问答。

问：请为我写出有关"第四号桥"主题的十四行诗。

答：不要问我这道题，我从来不会写诗。

问：34957 加 70764 等于多少？

答：（停 30 秒后）105721。

问：你会下国际象棋吗？

答：是的。

问：我在我的 K1 处有棋子 K；你仅在 K6 处有棋子 K，在 R1 处有棋子 R。现在轮到你走，你应该走哪步棋？

答：（停 15 秒后）棋子 R 走到 R8 处，将军！

图灵指出："在某些现实的条件下，如果机器能够非常好地模仿人类回答问题，以致提问者在相当长的时间里误认为它不是机器，那么机器就可以被认为是能够思考的。"

从表面上看，要使机器在一定范围内对提出的问题进行回答似乎没有什么困难，可以通过编制特殊的程序来实现。然而，如果询问者并不遵循常规标准进行提问，"是机器还是人"就很容易被分辨出来。

例如，提问与回答呈现出下列状况。

问：你知道孔子吗？

答：知道，他是我国古代伟大的思想家、政治家、教育家，儒家学派创始人。

问：你知道孔子吗？

答：知道，他是我国古代伟大的思想家、政治家、教育家，儒家学派创始人。

问：请再次回答，你知道孔子吗？

答：知道，他是我国古代伟大的思想家、政治家、教育家，儒家学派创始人。

提问者大概会想到，此时回答问题的是一台机器。

如果提问与回答呈现出以下另一种状况。

问：你知道孔子吗？

答：知道，他是我国古代伟大的思想家、政治家、教育家，儒家学派创始人。

问：你知道孔子吗？

答：是的，我不是已经说过了吗？

问：请再次回答，你知道孔子吗？

答：你烦不烦，干吗老提同样的问题？

那么，提问者大概会想到，这时候回答问题的大概率就是人而不是机器。

上述两种回答的区别在于，第一种回答可让提问者明显地感觉到回答者是从知识库里提取简单的答案，第二种则表示回答者具有分析和综合的能力，知道提问者在反复提出同样的问题，会给出带有情绪的反应。

当然，人工智能发展到现阶段，机器肯定可以对类似的问题做出反应，如机器可以做到如下回答："这个问题你已经问过三遍了，不要再问啦！"

图灵测试没有规定问题的范围和提问的标准，如果想要制造出能够通过图灵测试的机器，就需要机器具有学习能力、思考能力、推理能力和判断能力，并且能够对提出的问题给予符合常理的回答。

图灵测试看似简单，其实非常严苛。这是因为对提问者的问题没有限制范围，这就对机器提出了很高的要求。直到 2014 年 6 月 7 日，一台名为"尤金·古兹特曼"（Eugene Goostman）（见图 1-4）的超级计算机，伪装成一名 13 岁的乌克兰男孩，在一系列每次时长为 5 分钟的问答测试后，"尤金·古兹特曼"被认作人类的比例达到了 33%，成功地通过了图灵测试，这一测试的成功正逢图灵去世 60 周年，因此被认为是人工智能领域里程碑式的突破。

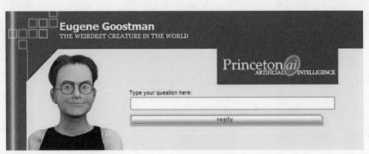

图 1-4 "尤金·古兹特曼"超级计算机

1.2 人工智能的发展

人工智能作为一门学科，经历了兴起、形成和发展等多个阶段，在此期间涌现出了许多杰出的科学家，产生了很多有意义的事情，为人工智能的发展奠定了坚实的基础。

1.2.1 代表人物和事件

（1）艾伦·图灵。艾伦·图灵是英国数学家、逻辑学家，被誉为"计算机科学之父"，是计算机逻辑的奠基者。1936—1938 年，图灵在普林斯顿大学攻读博士学位期间，其研究受到冯·诺依曼教授的大力赞赏，并受邀担任冯·诺依曼的助手。

1937 年，图灵在权威杂志上发表论文《论数字计算在决断难题中的应用》。在该论文附录里，他描述了一种可以辅助数学研究的机器，后被称为"图灵机"，从此奠定了电子计算机和人工智能的理论基础。

1950 年，图灵发表了人工智能领域里程碑式的论文《计算机器与智能》，第一次提出了"机器思维"和"图灵测试"的概念，为人工智能的发展奠定了哲学基准。同时，也正是这篇文章为图灵赢得了"人工智能之父"的美誉。

1966 年，为了纪念图灵对计算机科学的巨大贡献，美国计算机协会以图灵的名字命名了"图灵奖"，用以表彰和奖励那些对计算机事业做出重大贡献的人。"图灵奖"日后逐渐发展成为计算机科学领域的"诺贝尔奖"。

2000 年，姚期智获得图灵奖，是至今唯一获得该奖项的华裔学者。

（2）冯·诺依曼。冯·诺依曼（见图 1-5）是美籍匈牙利数学家、计算机科学家、物理学家，现代计算机、博弈论、核武器和生化武器等领域的科学全才，被后人誉为"现代计算机之父""博弈论之父"。早期，他以算子理论、共振论、量子理论、集合论等方面的研究闻名，开创了冯·诺依曼代数。诺依曼对人类最大的贡献是对计算机科学、计算机技术、数值分析和经济学中博弈论的开拓性工作，同时他也为世界上第一台电子计算机的研制做出了巨大的贡献。1946 年 2 月 15 日，世界上第一台电子计算机 ENIAC 诞生，奠定了人工智能的硬件基础（见图 1-6）。

图 1-5　冯·诺依曼

图 1-6　第一台电子计算机 ENIAC

（3）约翰·麦卡锡。约翰·麦卡锡（见图 1-7）是美国计算机科学家、认知科学家，于 1956 年达特茅斯会议上首次提出"人工智能"的概念，并将数学逻辑应用到人工智能的早期形成过程中。1958 年，麦卡锡发明了 LISP 语言，该语言至今仍在人工智能领域被广泛使用。麦卡锡曾在麻省理工学院、达特茅斯学院、普林斯顿大学和斯坦福大学工作过，退休后担任斯坦福大学的名誉教授。1971 年，他因在人工智能领域的重大贡献获得了计算机界的最高奖项"图灵奖"。

图 1-7　约翰·麦卡锡

　　（4）达特茅斯会议。1956 年 8 月，在美国达特茅斯学院中（见图 1-8），约翰·麦卡锡（John McCarthy，LISP 语言创始人）、马文·明斯基（Marvin Minsky，人工智能与认知学专家）、克劳德·香农（Claude Shannon，信息论的创始人）、艾伦·纽厄尔（Allen Newell，计算机科学家）、赫伯特·西蒙（Herbert Simon，诺贝尔经济学奖得主）等科学家聚集在一起，讨论了一个看似完全"不食人间烟火"的主题：用机器模仿人类学习以及其他方面的智能。

　　会议持续了两个月的时间，虽然当时并没有达成普遍的共识，但是却为会议讨论的内容起了一个名字：人工智能。因此，1956 年也就成为人工智能元年。

图 1-8　美国达特茅斯学院

1.2.2　人工智能发展史

人类对智能机器的梦想和追求可以追溯到三千多年前。早在我国西周时代，就流传着有关巧匠献给周穆王艺伎（歌舞机器人）的故事，还流传着一个典故——"偃师造人，唯难于心"，就是指技艺再好，人心难造。春秋时代后期，鲁班利用竹子和木料制作出一只木鸟，它能在空中飞行，可以"三日不下"，称得上是世界上第一个空中机器人。三国时期的蜀汉，诸葛亮创造出"木牛流马"，用于运送军用物资，成为最早的陆地军用机器人。以上这些都可以认作世界上最早的机器人雏形。

人工智能学科从正式诞生发展至今只有 60 多年的时间，但其发展历程颇具周折，大概经历了起步发展期、第一次低谷期、应用发展期、第二次低谷期、稳步发展期及蓬勃发展期等历程，如图 1-9 所示。

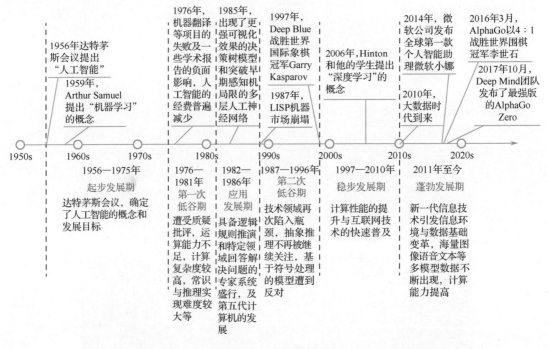

图 1-9　人工智能发展历程

（1）起步发展期（1956—1975 年）。人工智能概念被提出后，相继取得了一批令人瞩目的研究成果，如机器定理证明、跳棋程序等，掀起了人工智能发展的第一个高潮。

1957 年，弗兰克·罗森布拉特（Frank Rosenblatt）模拟实现了一种叫作感知机的神经网络模型，不仅开启了机器学习的浪潮，也成为后来神经网络的基础。1959 年，亚瑟·塞缪尔（Arthur Samuel）成功地开发了西洋跳棋程序，战胜了当时的西洋跳棋大师罗伯特·尼赖，如图 1-10 所示。同年，亚瑟·塞缪尔提出了"机器学习"的概念。1960 年，麦卡锡开发了 LISP 语言，成为以后几十年内人工智能领域最主要的编程语言。1964—1966 年，约瑟夫·魏岑鲍姆（Joseph Weizenbaum）开发出历史上第一个聊天机器人 ELIZA，被应用于临床治疗中以模仿心理医生，如图 1-11 所示。这一系列的研究成果，掀起了人工智能发展的第一个高潮。

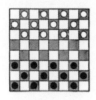

亚瑟·塞缪尔（1901—1990年）

Arthur Samuel

机器学习之父

他1959年开发的西洋跳棋程序打
败了当时的西洋跳棋大师

图 1-10　用西洋跳棋程序比赛

```
Welcome to
                   EEEEEE  LL     IIII  ZZZZZZ  AAAAA
                   EE      LL      II       ZZ  AA   AA
                   EEEEE   LL      II      ZZ   AAAAAAA
                   EE      LL      II     ZZ    AA   AA
                   EEEEEE  LLLLLL  IIII  ZZZZZZ  AA   AA

       Eliza is a mock Rogerian psychotherapist.
       The original program was described by Joseph Weizenbaum in 1966.
       This implementation by Norbert Landsteiner 2005.


       ELIZA: Is something troubling you ?
       YOU:   Men are all alike.
       ELIZA: What is the connection, do you suppose ?
       YOU:   They're always bugging us about something or other.
       ELIZA: Can you think of a specific example ?
       YOU:   Well, my boyfriend made me come here.
       ELIZA: Is it important to you that your boyfriend made you come here ?
       YOU:   He says I'm depressed much of the time.
       ELIZA: I am sorry to hear that you are depressed.
       YOU:   It's true. I am unhappy.
       ELIZA: Can you explain what made you unhappy ?
       YOU:
```

图 1-11　历史上第一个聊天机器人 ELIZA

（2）第一次低谷期（1976—1981 年）。人工智能发展初期的突破性进展大大提升了人们对人工智能的期望，人们开始尝试更具挑战性的任务，并提出了一些不切实际的研发目标。例如，1965 年西蒙提出"20 年内，机器将能做人所能做的一切"；1977 年，明斯基预言"在三至八年时间里，我们将研制出具有普通人智力的计算机，这样的机器能读懂莎士比亚的著作，会给汽车上润滑油，会玩弄政治权术，能讲笑话，会争吵……它的智力将无与伦比。"

过高预言的失败和预期目标的落空（如无法用机器证明两个连续函数之和还是连续函数、机器翻译闹出笑话等），给人工智能的声誉造成重大伤害，并使其走入低谷。这次走入低谷并不是偶然的，在将人工智能成果转化为实用的工业产品的过程中，科学家们遇到了许多很难完成的挑战，其中最大的挑战是算力和数据。

（3）应用发展期（1982—1986 年）。这一时期，专家系统开始在特定领域发挥威力，带动整个人工智能技术进入一个繁荣阶段。专家系统模拟人类专家的知识和经验以解决特定领域的问题，实现了人工智能从理论研究走向实际应用、从一般推理策略探讨转向运用专门知识，是人工智能发展史上的一次重大突破和转折。专家系统的起源可以追溯到 1965 年，爱德华·费根鲍姆（Edward Feigenbaum）在斯坦福大学带领学生开发了第一个专家系统 DENDRAL，这个系统可以根据质谱仪的数据来判断物质的化学分子结构。1978 年，卡纳基梅隆大学为美国数字设备公司（DEC）设计了一个名为 XCON 的专家系统，并在 1980 年正式投入使用。XCON 是一款能够帮助顾客自动选配计算机配件的软件程序，是一个完善的"知识库+推理机"专家系统，如图 1-12 所示，该系统包含了超过 2500 条已设定好的规则，在后续几年处理了超过 80000个订单，准确度超过 95%，每年节省超过 2500 万美元，这成为一个新时期的里程碑。鉴于 XCON 取得的巨大商业成功，在 20 世纪 80 年代，有三分之二的世界 500 强公司开始开发和部署各自领域的专家系统。

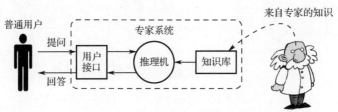

图 1-12 "知识库+推理机"专家系统

1982 年 4 月，日本制订了一个为期十年的"第五代计算机系统研究计划"，目的是抢占未来信息技术的先机，创造具有划时代意义的智能计算机系统。该计划的目标是面向知识处理，具备形式化推理、联想、学习和解释等功能，能够帮助人类研究未知领域和新的知识。同时，该计划在人机交互方面也提出了创时代的理念，计划通过自然语言（声音、文字等）或图像来实现人机交换信息。日本尝试使用大规模多 CPU 并行计算来解决人工智能计算力问题，并希望打造面向更大的人类知识库的专家系统来实现更强大的人工智能。这个计划在提出的十年后基本以失败告终，主要原因是低估了当时个人计算机（PC）的发展速度，尤其是 Intel 公司的x86 芯片架构在几年内就发展到足以应付各领域专家系统需要的程度。

人工智能领域当时主要使用麦卡锡开发的 LISP 语言，所以为了提高各种人工智能程序的运行效率，很多研究机构或科技公司都开始研发和制造专门用来运行 LISP 程序的计算机芯片和存储设备，打造人工智能专用的 LISP 机器。这些机器与传统计算机相比，可以更高效地运行专家系统或者其他人工智能程序。

（4）第二次低谷期（1987—1996 年）。专家系统最初取得的成功是有限的，它无法自我学习并更新知识库和算法，维护起来越来越麻烦，成本越来越高，以至于很多企业都选择放弃陈旧的专家系统或者升级到新的信息处理方式。虽然 LISP 机器逐渐取得了进展，但 20 世纪 80年代也正是个人计算机崛起的时期，IBM 公司和苹果公司的个人计算机快速占领了整个计算机市场，它们的 CPU 频率和速度稳步提升，甚至变得比昂贵的 LISP 机器更强大。

直到 1987 年，专用 LISP 机器硬件销售市场严重崩溃，包括日本"第五代计算机系统研究计划"在内的很多超前概念都失败了，原本美好的人工智能产品承诺都无法真正兑现。硬件销售市场的溃败和理论研究的迷茫，加上各国政府和机构纷纷停止向人工智能研究领域投入资金，导致人工智能发展进入了长达数年的低谷期。

（5）稳步发展期（1997—2010 年）。由于网络技术特别是互联网技术的发展，加速了人工智能的创新研究，促使人工智能技术进一步走向实用化。1997 年，IBM 公司的"深蓝"（DeepBlue）超级计算机战胜了国际象棋世界冠军加里·卡斯帕罗夫（Garry Kasparov）（见图 1-13）。2000 年，日本本田公司发布了机器人 ASIMO（见图 1-14）。该机器人能走会跳，能说善道，可以帮助主人端茶送水。经过多年的升级改进，目前该机器人已是全世界最先进的机器人之一。

2006 年，辛顿（Hinton）等人提出了"深度学习"的概念。深度学习是学习样本数据的内在规律和表示层次，其最终目标是让机器能够像人类一样具有分析和学习能力，能够识别文字、图像和声音等数据。2008 年，IBM 公司提出了"智慧地球"概念。2009 年，谷歌公司开发了第一款无人驾驶汽车（见图 1-15）。截至 2012 年，谷歌公司成为第一个获得美国内华达州自动驾驶汽车车牌的公司。

图 1-13　"深蓝"超级计算机战胜了国际象棋世界冠军卡斯帕罗夫

图 1-14　机器人 ASIMO

图 1-15　谷歌公司的第一款无人驾驶汽车

（6）蓬勃发展期（2011年至今）。2010年左右，随着大数据、云计算、互联网、物联网等信息技术的快速发展，大数据时代到来了。此后，数据的爆发式增长为人工智能提供了充分的"养料"。泛在感知数据和图形处理器等计算平台推动了以深度神经网络为代表的人工智能技术飞速发展，大幅跨越了科学与应用之间的"技术鸿沟"，图像分类、语音识别、知识问答、人机对弈、无人驾驶等人工智能技术实现了从"不能用、不好用"到"可以用"的技术突破，人工智能迎来了爆发式增长的新高潮，人类已经正式跨入人工智能时代。人工智能与物联网、大数据、云计算的关系如图1-16所示。

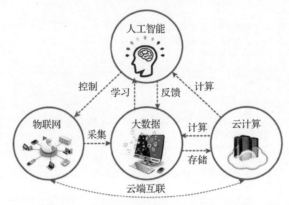

图1-16　人工智能与物联网、大数据、云计算的关系

2014年，微软公司发布了全球第一款个人智能助理Cortana（微软小娜），如图1-17所示。2016年，运用深度学习技术的人工智能系统AlphaGo（阿尔法围棋）以4∶1的成绩战胜世界围棋冠军李世石，如图1-18所示。2017年10月，谷歌Deep_Mind团队发布了最强版的程序AlphaGoZero（阿尔法围棋零），该程序从空白状态学起，在无任何人类输入的条件下，AlphaGo Zero迅速自学围棋，并以100:0的战绩击败了AlphaGo。

图1-17　微软个人智能助理Cortana　　　图1-18　AlphaGo以4∶1战胜世界围棋冠军李世石

2022年11月30日，美国OpenAI公司发布了一款基于GPT-3.5系列模型的聊天机器人程序ChatGPT（Chat Generative Pre-trained Transformer，聊天生成式预训练变换模型）。ChatGPT是人工智能技术驱动的自然语言处理工具，它能够基于在预训练阶段所见到的模式和统计规律，生成回答，还能够根据聊天的上下文进行互动，真正像人类一样聊天交流，甚至能够完成撰写邮件、视频脚本、文案、翻译、代码，写论文等任务。ChatGPT在未来具有广阔的前景和

应用潜力，将在教育、医疗、客户服务等各个领域发挥重要作用，为人们提供个性化的支持和智能的交互体验。2023 年 3 月 16 日，百度集团发布新一代大语言模型的生成式 AI 产品"文心一言"，其在文学创作、商业文案创作、数理推算、中文理解、多模态生成等多个应用场景中表现优秀，如图 1-19 所示。

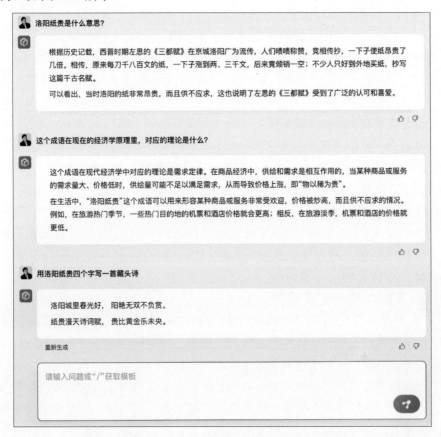

图 1-19　百度新一代大语言模型的生成式 AI 产品"文心一言"

2024 年 2 月 15 日（美国当地时间），美国 OpenAI 公司发布了人工智能文生视频大模型 Sora。Sora 这一名称源于日文"空"（そら sora），即天空之意，以示其无限的创造潜力。其背后的技术是在 OpenAI 的文本到图像生成模型 DALL-E 基础上开发而成的。

Sora 可以根据用户的文本提示创建最长 60 秒的逼真视频，该模型了解物体在物理世界中的存在方式，可以深度模拟真实物理世界，能够生成具有多个角色，包含特定运动的复杂场景。

Sora 为需要制作视频的艺术家、电影制片人或学生带来无限可能，这是 OpenAI "教 AI 理解和模拟运动中的物理世界"计划中的一步，标志着人工智能在理解真实世界场景并与之互动的能力方面实现了重大飞跃。

1.2.3　我国人工智能的发展状况

我国的人工智能研究主要起步于改革开放之后。进入 21 世纪，人工智能开始蓬勃发展，并在研究和应用领域都取得了很多丰硕成果。特别是近几年来，我国的人工智能发展已成为国家的重要发展战略。

2015 年 7 月，在北京召开了"2015 中国人工智能大会"，发表了《中国人工智能系列白皮书》，内容涵盖智能机器人、自然语言理解、模式识别、智能驾驶和机器学习等，为我国人工智能相关行业的科技发展描绘了轮廓，给产业界发展指引了方向。

微课：中国人工智能位于全球第一梯队

2016 年 4 月，工业和信息化部、国家发展和改革委员会、财政部等三部委联合印发了《机器人产业发展规划（2016—2020 年）》，为"十三五"期间我国机器人产业发展描绘了清晰的蓝图。人工智能也是智能机器人产业发展的关键核心技术。

2016 年 5 月，国家发展改革委、科学技术部、工业和信息化部和中央网信办联合印发了《"互联网+"人工智能三年行动实施方案》，明确了未来三年智能产业的发展重点与具体扶持项目，人工智能已被提升至国家战略高度。

2017 年 7 月 8 日，国务院印发的《新一代人工智能发展规划》提出，要"抢抓人工智能发展的重大战略机遇，构筑我国人工智能发展的先发优势，加快建设创新型国家和世界科技强国。"

2019 年 3 月，中央全面深化改革委员会第七次会议审议通过了《关于促进人工智能和实体经济深度融合的指导意见》，该指导意见指出"促进人工智能和实体经济深度融合，要把握新一代人工智能发展的特点，坚持以市场需求为导向，以产业应用为目标，深化改革创新，优化制度环境，激发企业创新活力和内生动力，结合不同行业、不同区域特点，探索创新成果应用转化的路径和方法，构建数据驱动、人机协同、跨界融合、共创分享的智能经济形态。"

2021 年制定的国家"十四五"规划中，将新一代人工智能技术作为重点发展规划，其中和人工智能技术密切相关的云计算技术、大数据技术、物联网技术、工业互联网技术、5G 通信技术等都是"十四五"规划重点发展的技术。

一系列国家纲领性文件的出台体现出我国已把人工智能技术提升到国家战略发展的高度，为人工智能的发展创造了前所未有的优良环境，也赋予人工智能艰巨而光荣的历史使命。

我国的人工智能研究和应用已取得了丰硕的成果，正在逐渐改变很多行业的形态，也在逐渐改变人们的生活方式。图像识别技术在很多地方得到了广泛应用，很多城市的小区或单位都已采用人脸识别或者指纹识别来验证身份；很多考试在考场均采用人脸识别来严格验证考生身份以防代考；天网工程和人脸识别技术的结合使用可以方便锁定和及时抓捕罪犯，从而提高了案件的破案率，使我国成为全世界最安全的国家之一；医疗影像智能识别可以实现机器看片、机器阅片，从而提高了医生的看病效率和准确率。

人工智能在工业领域也获得了广泛应用，人工智能将引起第四次工业革命，很多企业开始向智能化转型，以实现从生产方式到管理方式的智能化升级。

2023 年 9 月，在杭州举行的第 19 届亚运会上，"智能亚运"是杭州亚运会带给全世界观众的深刻印象。在开幕式上，首个数字火炬手自钱塘江上踏浪而来，一步步奔向"大莲花"，点燃了亚运圣火。利用数字火炬手（见图 1-20）实现"数字点火"的方式刷新了亚运史，让世界眼前一亮。杭州亚运村的无人驾驶智能巴士搭载的 30 度 800 万像素相机，可感知 600 米范围内的车辆和 300 米范围内的行人，并可自动规划、实施避让方案，乘客通过车窗可以体验车内外虚实结合的互动。杭州亚运村内的无人驾驶冰淇淋售卖车引人注目，人们只要通过点击售卖车上的屏幕选择口味后，就能

微课：智能亚运

开柜领取心仪的冰激凌，如图 1-21 所示。亚运会田径铁饼赛场上，当运动员将铁饼投掷出去后，赛场边几只机器狗立刻迈着"小短腿"朝铁饼飞奔而去，待场内工作人员将铁饼放置在机器狗身上，它们又运着铁饼回到赛场边，如图 1-22 所示。在办赛、参赛、观赛的方方面面，都可以看到人工智能技术的应用，这些都展示了我国在人工智能领域的研究和制造成就。

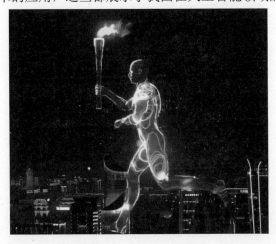

图 1-20　数字火炬手

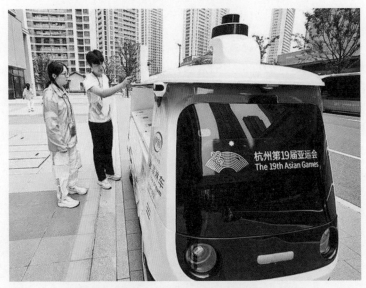

图 1-21　无人驾驶冰淇淋售卖车

图 1-22　机器狗

目前，人工智能的核心技术，如大数据技术、云计算技术、人工神经网络技术、5G 通信技术等在我国都得到了迅猛发展，并获得了国家的大力支持，取得了很多应用成果，进一步推动了我国人工智能技术的广泛应用，并将推动国家的经济建设和工业升级，实现中华民族的伟大复兴。

1.3 人工智能的分类

近几年来，人工智能技术迅速发展，在各行各业中都得到了广泛的应用，人工智能产品随处可见。

从与人的融合程度来看，人工智能产品的发展可以分为三个阶段：第一个阶段是"识你"阶段，就是让机器人或者设备来认识你，知道你是谁，如人脸识别、语音识别、指纹识别等；第二个阶段是"懂你"阶段，就是让机器知道你想要什么、习惯什么、喜欢什么，知道你的日常行为，这是一种深度融合的场景；第三个阶段是"AI 你"阶段，就是人工智能真正能够为人类提供点对点的定制化的智能服务，真正进入智能时代，这也是人工智能的终极目标。当前，人工智能产品基本实现了"识你"阶段，正在向"懂你"阶段的道路上迅速发展，还没有真正实现"AI 你"阶段。

按照发展过程及功能强度来划分，人工智能可分为三种类型：弱人工智能、强人工智能、超人工智能。

1.3.1 弱人工智能

弱人工智能是只具有某一个方面能力的人工智能，其特点是只专注于完成某个特定的任务，如图像识别、语音识别等。例如，能够战胜围棋世界冠军的人工智能机器人 AlphaGo，它只会下围棋，如果向它询问其他的问题，它就不知道应该怎么回答了。弱人工智能的特点是只具有单方面的能力。

我们身边的弱人工智能应用很多。例如，智能音箱具有语音识别功能，可以根据指令的要求播放故事或歌曲，可以定时播放，还可以提醒主人相关事宜，如图 1-23 所示；智能手机上的购物软件可以分析用户购物习惯、搜索记录，并进行个性化信息推送；扫地机器人会自动规划扫地路径，听得懂语音指令，能够自动充电，如图 1-24 所示。

图 1-23　智能音箱

图 1-24　扫地机器人

1.3.2 强人工智能

强人工智能也称通用人工智能，是一种和人类的智能相似的人工智能。

强人工智能在各方面都能和人类的智能比肩，人类能够从事的脑力活、体力活，它都能从事。强人工智能具备人类的心理能力，能够进行思考、推理、计划，并可以解决问题，具有抽象思维，能够理解复杂理念、快速学习和从经验中学习等。强人工智能在进行这些活动时和人类一样得心应手。

强人工智能分为以下两类：

（1）类人的人工智能，即机器的思考和推理就像人类的思维一样；

（2）非类人的人工智能，即机器产生了与人类完全不一样的知觉和意识，使用和人类完全不一样的推理方式。

创造强人工智能产品比创造弱人工智能产品要难得多。

1.3.3 超人工智能

超人工智能可以被理解为其智能程度比人类还要高，几乎在所有领域都比人类聪明得多，包括科学创新、通识和社交技能等方面。

超人工智能目前仍然只是一个概念，还没有证据表明人类可以研究出一个可以全方位超越人类自己的机器。

虽然人工智能已取得了不错的进展，但目前大部分产品仍属于弱人工智能的范畴。例如，苹果公司的语音助手 Siri、手机软件提供的自动拦截骚扰电话功能、邮箱的自动过滤功能、在象棋领域打败人类的机器人等，这些都属于弱人工智能。

1.4 人工智能研究的主要学派

人工智能诞生至今，许多不同学科背景的学者都曾对人工智能给出了各自的理解，并提出了不同的观点，由此产生了不同的学派。根据研究的理论、方法及侧重点的不同，目前人工智能主要有符号主义（symbolicism）学派、连接主义（connectionism）学派和行为主义（behaviourism）学派。

1.4.1 符号主义学派

符号主义学派，又称逻辑主义学派、心理学派、计算机学派。该学派的奠基人是西蒙，学派的代表人物有纽厄尔、尼尔逊等。符号主义学派认为人工智能源于数理逻辑，人类认知和思维的基本单元是符号，而认知的过程就是在符号表示上的一种运算。符号主义学派的理论核心是符号推理与机器推理。该学派用某种符号来描述人类的认知过程，并将其输入到能够处理这种符号的计算机中，从而模拟人类的认知过程，实现人工智能。

人工智能中，符号主义学派的应用代表是机器定理证明。1956 年，西蒙、纽厄尔等人编制了第一个人工智能程序"逻辑理论家"（Logic Theorist），利用该程序模拟人类证明符号逻辑定理的思维活动，成功证明了怀特海和罗素的《数学原理》（见图 1-25）中前 52 个定理中的

38 个，并在达特茅斯会议上做了演示。

符号主义学派的另一个应用是知识图谱，2012 年 5 月 17 日，谷歌公司正式提出了知识图谱（Knowledge Graph）的概念，其初衷是为了优化搜索引擎返回的结果，增强用户搜索质量及体验。知识图谱本质上是语义网络的知识库，是机器认识智能的基础，主要应用于精准分析、智能搜索、智能问答、智能推荐等方面。医疗知识图谱（心力衰竭）如图 1-26 所示。

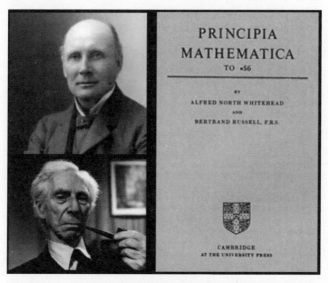

图 1-25　怀特海和罗素的《数学原理》

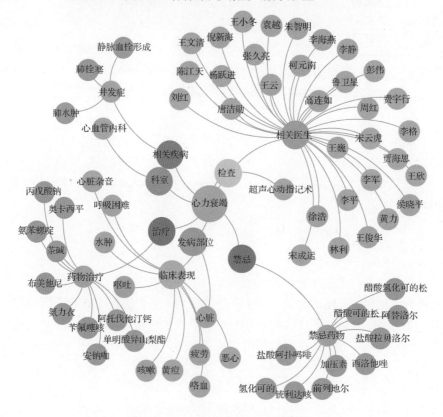

图 1-26　医疗知识图谱（心力衰竭）

在 20 世纪 80 年代之前，符号主义学派主导着人工智能的发展，这个阶段的人工智能被称为第一代人工智能，在专家系统中被广泛开发与应用。2011 年，基于符号主义学派的人工智能专家系统——IBM 公司的人工智能程序"沃森"（Watson）参加了一档智力问答节目，并战胜了两位人类冠军（见图 1-27）。符号主义学派为人工智能的应用做出了重大贡献，在其他学派出现之后，符号主义学派仍然是人工智能的主流学派之一。

图 1-27 人工智能程序"沃森"（Watson）在智力问答节目中战胜了两位人类冠军

1.4.2 连接主义学派

连接主义学派，又称仿生学派、生理学派。该学派的奠基人是明斯基，学派的代表人物有约翰·霍普菲尔德、亚·莱卡等。连接主义学派通过算法模拟神经元，并把一个神经元叫作感知机，用多个感知机组成一层网络，多层网络互相连接最终得到神经元网络，如图 1-28 所示。

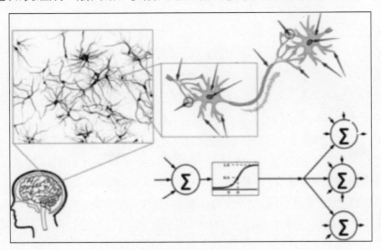

图 1-28 神经元网络模型

这一学派认为人工智能源于仿生学。该学派借鉴脑科学，从神经元开始研究神经元网络模型和人脑模型，开辟了人工智能理论研究的新路径。连接主义学派的理论核心是神经元网络与深度学习。该学派从神经生理学和认知科学的研究成果出发，把人类的智能归结为人脑的高层活动的结果，强调智能活动是由大量简单的神经元，通过复杂的相互连接后，并行运行的结果。在 20 世纪六七十年代，以感知机为代表的人脑模型的研究达到了高潮，但由于受当时理论模型、生物原型和技术条件等限制，人脑模型研究在 20 世纪 70 年代后期至 80 年代初期落入低潮。直到霍普菲尔德教授于 1982 年和 1984 年在其发表的两篇重要的论文中，提出用硬件模拟神经元网络，连接主义学派才重新兴起。进入 21 世纪后，连接主义学派提出了"深度学习"的概念，如图 1-29 所示。2016 年，运用深度学习技术的人工智能系统 AlphaGo 以 4∶1 战胜世界围棋冠军李世石，引起轰动。2017 年，新版程序 AlphaGo Zero 从空白状态学起，在无任何人类输入的条件下，能够迅速自学围棋，并以 100∶0 的战绩击败"前辈"。

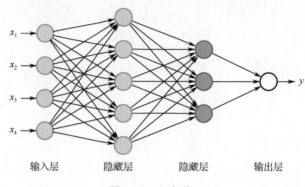

x_1　x_2　x_3　x_4

输入层　　　　隐藏层　　　　隐藏层　　　　输出层

图 1-29　深度学习

这个阶段的人工智能被称为第二代人工智能，其特点是以数据驱动为主，经过 20 世纪 90 年代的发展，在 21 世纪初被广泛应用，有替代符号主义学派之势。当然，深度学习也存在诸多缺陷，如对数据质量过于敏感，深度学习的"黑箱"性质也导致其推广困难，人工智能的春天尚未来临。

1.4.3　行为主义学派

行为主义学派，又称进化主义学派、控制论学派。该学派奠基人是维纳，代表人物有麦克洛、布鲁克斯等。行为主义学派的理论主要源于控制论，是一种基于"感知—行动"的行为智能模拟方法。该学派推崇控制、自适应与进化计算。行为主义学派认为，行为是有机体用以适应环境变化的各种身体反应的组合，它的理论目标在于预见和控制行为。

行为主义学派是在 20 世纪末以人工智能新学派的面孔出现的。在该学派出现的早期引起了许多人的兴趣，人们对它的期望值比较高，但这些年该学派并没有进一步兴起。这一学派的代表作首推布鲁克斯研制的六足行走机器人（见图 1-30）。该机器人是一个基于"感知—行动"模式的、模拟昆虫行为的控制系统，它被看作新一代的"控制论动物"。行为主义学派依赖传感器、控制器等硬件，虽然已经研制出不少种类的商用机器人，但是进一步发展则面临许多挑战，包括克服真实环境训练的局限、设计出更有效的底层规则以便开发出高级智能系统等。

当前，在人工智能领域中，讨论热度最高的是深度学习、深度神经网络，这些都属于连接主义学派。符号主义学派的代表性成果是专家系统。行为主义学派的贡献主要体现在智能控制、机器人控制系统等方面。

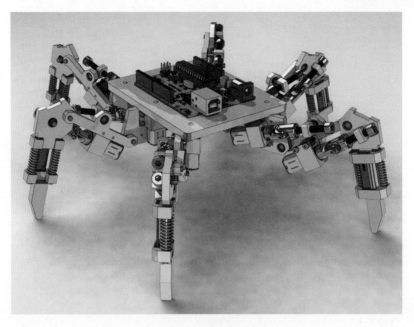

图 1-30 六足行走机器人

1.5 人工智能的主要研究领域

当前，几乎所有科学与技术的分支都在使用人工智能领域所提供的理论和技术，下面简要介绍一些其中最重要和最具代表性的人工智能的研究领域。

1.5.1 感知问题

感知问题是人工智能的一个经典研究课题，涉及神经生理学、视觉心理学、物理学、化学等学科，具体包括计算机视觉和声音处理等。例如，视觉处理主要由解释器针对由视觉传感器（如摄像机）等感知设备获得的外部世界的景物和信息进行分析和理解，也就是使计算机"看见"周围的东西，如图 1-31 所示；而声音处理则是研究如何使计算机"听见"讲话的声音，并针对语音信息等进行分析和理解，如图 1-32 所示。因此，感知问题的关键是必须把数量巨大的感知数据，以一种易于处理的方式进行简练、有效的表征和描述。

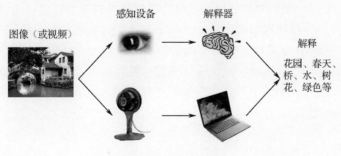

图 1-31 视觉处理

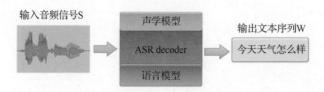

图 1-32　声音处理

1.5.2　模式识别

模式识别就是使计算机通过数学方法来研究模式的自动处理和判读。这里把环境与客体统称为"模式"。随着计算机技术的发展，人类有能力研究复杂的信息处理过程，其过程的一个重要形式是生命体对环境及客体的识别。模式识别以图像处理与计算机视觉、语音语言信息处理、脑网络组（Brainnetome）、类脑智能等为主要研究方向，研究人类模式识别的机理及有效的计算方法。用计算机实现模式（文字、声音、人物、物体等）的自动识别，是开发智能机器的一个关键的突破口，以为人类认识自身智能提供线索，如图 1-33 所示。模式识别的显著特点是速度快、准确性强和效率高。

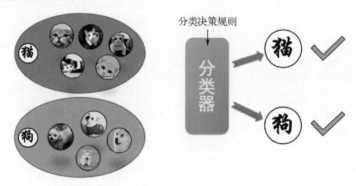

图 1-33　模式识别的例子

1.5.3　博弈

博弈是指对抗的学问，起源于下棋。让计算机学会下棋是人们使计算机具有智能的最早的尝试。早在 1956 年，人工智能的先驱之一——塞缪尔就研制出跳棋程序，这个程序能够从棋谱中进行学习，并能够从实战中总结经验。事实上，对于跳棋、象棋、五子棋及围棋等博弈类游戏，其过程完全可用一棵博弈树来表示，以利用最基本的状态空间搜索技术来找到一条必胜的下棋路线，如图 1-34 所示。另外，现有的计算机下棋程序以传统的状态空间搜索技术为基础，通过一些启发式算法，对棋局中间状态获胜的可能性进行评估，并以此来决定下一步应该怎么走。这一方法可以极大地减少对状态空间的存储和搜索，从而为现代高性能计算机战胜国际一流下棋高手铺平道路。

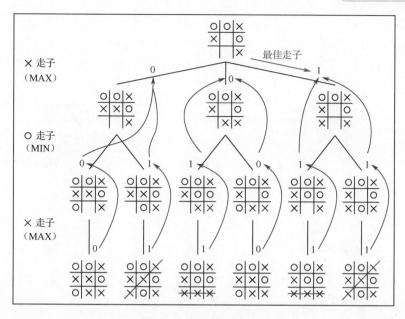

图 1-34 博弈树

1.5.4 搜索

搜索是指为了达到某一目标,而连续进行找寻的过程,它是人工智能研究的核心内容之一。早期的人工智能研究成果(如通用问题求解系统、几何定理证明、博弈等)都是围绕着如何有效搜索,以获得满意的问题求解进行的。

搜索有两种基本方式,一种是盲目搜索,即不考虑给定问题的具体情况,而根据事先确定的某种固定顺序来调用操作规则。盲目搜索技术主要有广度优先搜索和深度优先搜索,分别如图 1-35 和图 1-36 所示。

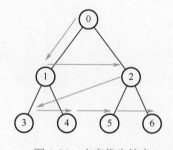

图 1-35 广度优先搜索

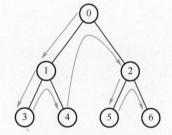

图 1-36 深度优先搜索

另一种是启发式搜索,即考虑问题可应用的情况,动态地确定规则的排序,优先调用较合适的规则,以减少搜索范围,从而让搜索变得更快。因此,启发式搜索是搜索技术中的重点。

1.5.5 自然语言处理

自然语言处理是人工智能早期的研究领域之一,也是一个极为重要的领域,主要包括人机对话和机器翻译两大任务,是一门融语言学、计算机科学、数学于一体的学科。得益于以艾弗拉姆·乔姆斯基（Avram Chomsky）为代表的新一代语言学派的贡献和计算机技术的发展，自然语言处理领域正在变得越来越热门。目前，该领域的主要课题是让计算机系统以主题和对话情境为基础，结合大量常识，生成和理解自然语言，如图 1-37 所示。显然，这是一个极其复杂的编码和解码过程。

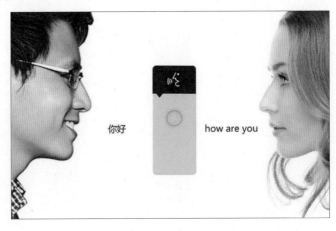

图 1-37　自然语言处理

1.5.6　专家系统

专家系统是以知识为中心，注重知识本身的算法。专家系统所要解决的是复杂而特定的问题。对于这些问题，人们还没有精确的描述和严格的分析，因而其一般没有具体解法，而且经常需要基于专家的理论知识和实际经验，在不确定或不精确的信息基础上做出判断。标准的计算机程序能精确地区分每一个任务应该如何完成；而专家系统则是告诉计算机要做什么，而不是区分要如何完成，这是二者的最大区别。另外，专家系统突出了知识的价值，极大地减少了知识传授和应用的代价，使专家的知识迅速变成社会的财富。

专家系统采用人工智能的原理和技术，如符号表示、符号推理、启发式搜索等，与一般的数据处理系统不同。专家系统是目前人工智能中最活跃、最有成效的一个研究领域，它是一种具有特定领域的大量知识与经验的程序系统。人类专家由于具有丰富的知识，所以才能有优异的解决问题的能力，那么计算机程序如果能够体现和应用这些知识，也应该能解决人类专家所能解决的问题，而且能帮助人类专家发现推理过程中出现的差错。在矿物勘测、化学分析、规划和医学诊断等领域，这一设想已成为现实，专家系统已经达到了人类专家的水平。成功案例如 PROSPECTOR 系统发现了一个钼矿沉积，价值超过 1 亿美元；DENDRAL 系统的性能已超过一般专家的水平，可供数百人在进行化学结构分析时使用；MYCIN 系统可以对血液传染病的诊断治疗方案提供咨询意见，经正式诊断确认，它对细菌血液病、脑膜炎等疾病的诊断和提供治疗方案等已超过了这些领域的专家。

图 1-38 所示为专家系统的结构。专家系统是一种基于人工智能技术的智能应用，它的核心是通过人工智能技术来模拟人类专家的经验和知识，从而解决特定问题。专家系统通常由知识库、推理机、人机接口、解释机构等几个部分构成。知识库是专家系统的核心，它包含了专家对某一特定领域的知识和经验。推理机用来模拟人类专家的推理过程。人机接口是专家系统与用户进行交互的接口。解释机构则用于解释专家系统的推理过程和结果。

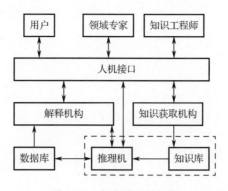

图 1-38 专家系统的结构

1.5.7 机器人学

若要模仿人类，就要不仅看得见、听得懂、能够说，还需要一个人形的、能够像人类一样动作的容器，这就是机器人学研究的内容。机器人学是与机器人设计、制造和应用相关的科学，又称机器人技术或机器人工程学，主要研究机器人的控制与被处理物体之间的相互关系。

机器人是一个综合性的课题，除机械手和步行机构外，还要研究机器视觉、触觉、听觉等信息传感技术，以及机器人语言和智能控制软件等，是一个涉及精密机械、信息传感技术、人工智能方法、智能控制及生物工程等学科的综合技术。这一领域的研究有利于促进各学科的相互融合，并推动人工智能技术的发展。

索菲亚是中国香港的汉森机器人技术公司发明的女性类人机器人（见图 1-39），英文名叫 Sophia。2017 年 10 月 26 日，沙特阿拉伯正式授予索菲亚公民的身份，是第一个拥有公民身份的机器人。

图 1-39 第一个拥有公民身份的机器人——索菲亚

1.6 本章实训

1.6.1 实训1 体验人工智能诗歌写作

九歌是清华大学自然语言处理与社会人文计算实验室研发的人工智能诗歌写作系统。该系统采用最新的深度学习技术，结合多个为生成诗歌而专门设计的模型，基于超过 80 万首人类诗人创作的诗歌进行训练学习，支持律诗、绝句、藏头诗、词等不同体裁诗歌的在线生成。

（1）在浏览器中打开"九歌——人工智能诗歌写作系统"网站主页，如图 1-40 所示。

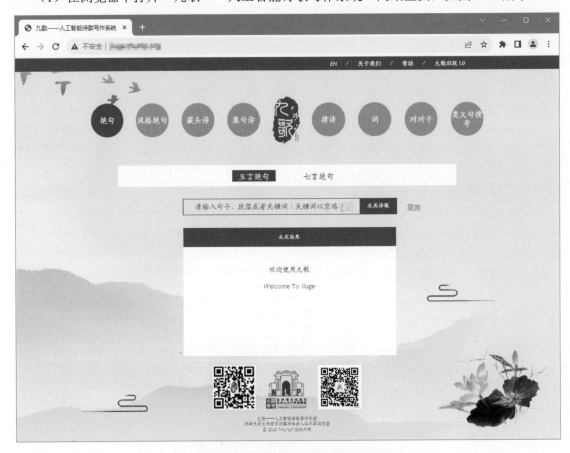

图 1-40 "九歌——人工智能诗歌写作系统"网站主页

（2）选择"五言绝句"选项，在文本框中输入"美丽中国"，单击"生成诗歌"按钮，生成结果如图 1-41 所示。

（3）读者可以自行练习其他律诗、绝句、藏头诗、词等不同体裁诗歌的在线生成，也可在手机微信上搜索小程序"智能写诗词对联"，体验人工智能诗歌写作。

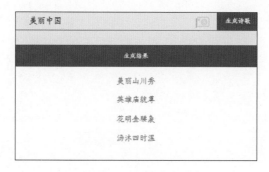

图 1-41　诗歌生成结果

微课：文心一言

1.6.2　实训 2　文心一言

文心一言是百度集团推出的一款基于百度新一代大语言模型的生成式 AI 产品，于 2023 年 3 月 16 日正式发布，3 月 27 日上线，8 月 31 日向全社会全面开放。

文心一言基于百度深度学习平台（飞桨）和文心知识增强模型，持续从海量数据和大规模知识中采集数据，融合学习具备知识增强、检索增强和对话增强的等技术，能够与人对话互动、回答问题、协助创作，从而高效便捷地帮助人们获取信息、知识和灵感。文心一言具有文学创作、商业文案创作、数理逻辑推算、中文理解、多模态生成等多种功能。

（1）在浏览器中打开"文心一言"网站。

（2）在文本框输入问题，如"人工智能发展史"，按回车键后，即可得到解答，如图 1-42 所示。

图 1-42　"文心一言"网站

（3）单击"选择插件"按钮，在打开的列表中选择"说图解画"→"上传图片"选项（见图 1-43），并上传图片，即可得到文心一言对该图片内容的文字解说，如图 1-44 所示。

图 1-43　"选择插件"列表

图 1-44　文心一言对图片内容的文字解说

（4）请读者自行对"览卷文档""E 言易图""商业信息查询""TreeMind 树图"等插件的功能进行操作和练习。

1.7　拓展知识：未来已来，人工智能改变生活

在科技飞速发展的过程中，我们已经进入了一个充满各种可能性的世界。其中，人工智能

（AI）正在悄悄地改变着我们的生活。在未来已来的背景下，手机 AI 为我们提供了许多实用的功能，让我们的生活变得更加便捷。

1. 智能助手：生活小助手

手机 AI 的首要功能就是智能助手。通过语音识别和自然语言处理技术，智能助手能够理解我们的需求，并为我们提供帮助。无论是提醒日程、查询天气、预定餐厅，还是购买商品和服务，智能助手都能在几秒钟内完成。此外，智能助手还能提供管理健康、设置闹钟、备忘录等功能，极大地提高了我们的工作效率。

2. 语音翻译：全球无障碍沟通

随着全球化的发展，语言障碍成为国际交流的难题，手机 AI 的语音翻译功能解决了这一问题。通过实时语音识别和翻译，手机 AI 的语音翻译功能能够实现跨语言的交流，让我们在全球范围内畅通无阻。无论是旅行、商务会议还是学术交流，这项功能都能让我们无须担心语言问题，畅享全球化的便利。

3. 人脸识别：安全保障

手机 AI 的人脸识别功能能够迅速识别我们的亲友、合作伙伴和各种场景，帮助我们更好地管理联系人信息。这项功能不仅可以应用于解锁手机、登录软件，还可以用于支付安全、安全监控等领域。无论是身份验证还是安全管理，人脸识别功能都能够为我们提供安全保障。

4. 智能图像处理：美颜与照片编辑

手机 AI 的智能图像处理功能也是一项非常实用的技术。通过智能算法，手机 AI 的智能图像处理功能能够自动调整图片的亮度、对比度等参数，提供一键美颜和照片编辑等功能。这些功能不仅简化了照片编辑的步骤，而且还能自动调整，使得我们无须掌握复杂的编辑技巧，即可获得满意的照片。此外，手机 AI 的智能图像处理功能还能识别场景和物体，提供丰富的滤镜和特效选择，让我们的照片更加生动有趣。

5. 个性化推荐：内容消费升级

手机 AI 的另一个重要功能是个性化推荐。通过分析我们的浏览历史、购买行为和社交网络信息，个性化推荐功能能够为我们提供精准的内容推荐。无论是音乐、电影、书籍还是应用，个性化推荐功能都能够根据我们的兴趣和需求进行推荐，从而不仅提高了内容消费的体验，而且还能帮助我们节省时间、提高工作效率。

1.8 本章习题

一、单项选择题

1. 作为计算机科学的一个分支，人工智能的英文缩写是（　　）。

A. CPU　　　　　B. AI　　　　　C. BI　　　　　D. DI

2. 人工智能诞生于（　　）年的达特茅斯会议。

A. 1954　　　　B. 1955　　　　C. 1956　　　　D. 1957

3. 人工智能的核心定义是（　　）。

A. 研究和制造人类的智能

B. 用机器模拟人类的学习能力和人类智能特征

C. 让机器为人类服务

D．研究和制造出超越人类的机器

4．被誉为"人工智能之父"的科学大师是（　　　）。

A．爱因斯坦 　　　　　　　　　　B．冯·诺依曼

C．塞缪尔 　　　　　　　　　　　D．图灵

5．在人工智能领域中，为了检验一台机器是否具有智能，需要进行（　　　）。

A．图灵测试 　　　　　　　　　　B．乔布斯测试

C．达特茅斯测试 　　　　　　　　D．中文屋测试

6．（　　　）是人工智能的重要特点。

A．人形外形 　　　　　　　　　　B．可以和人类交流

C．具有学习能力 　　　　　　　　D．可以识别物体

7．盲人看不到一切物体，但他们可以通过辨别人的声音来识别人，这是智能的（　　　）。

A．行为能力 　　　　　　　　　　B．感知能力

C．思维能力 　　　　　　　　　　D．学习能力

8．以下说法中，错误的是（　　　）。

A．人工智能的发展目前还处在弱人工智能阶段。

B．还没有任何证据显示人类可以制造出超人工智能。

C．人脸识别属于机器视觉的研究领域。

D．语音识别所研究的内容和自然语言处理的一样。

9．以下关于人工智能的描述中，正确的是（　　　）。

A．通用人工智能技术已较为成熟

B．专用人工智能取得了重要突破

C．超级人工智能时代即将到来

D．我国人工智能理论研究水平高于其他国家

10．强人工智能强调人工智能的完整性，以下说法中，不属于人工智能的是（　　　）。

A．（类人）机器的思考和推理就像人的思维一样

B．（非类人）机器产生了和人完全不一样的知觉和意识

C．看起来像是智能的，其实并不真正拥有智能，也不会有自主意识

D．有可能制造出真正能够推理和解决问题的智能机器

11．人类有可能制造出真正能够推理和解决问题的、有知觉和自我意识的智能机器，这是（　　　）的观点。

A．强人工智能 　　　　　　　　　B．弱人工智能

C．超人工智能 　　　　　　　　　D．形式主义

12．人工智能的三大学派不包括（　　　）。

A．模仿主义 　　　　　　　　　　B．行为主义

C．连接主义 　　　　　　　　　　D．符号主义

13．连接主义认为人的思维基元是（　　　）。

A．符号 　　　　　　　　　　　　B．神经元

C．数字 　　　　　　　　　　　　D．图形

14．符号主义认为人工智能源于（　　　）。

A．数理逻辑 　　　　　　　　　　B．神经网络

C．信息检索　　　　　　　　　D．遗传算法

15．认为人的智能是人脑的高层活动的结果，强调智能活动是由大量的、简单的单元通过复杂的相互连接后并行运算的结果，这是（　　）的观点。

A．记忆主义　　　　　　　　　B．行为主义

C．符号主义　　　　　　　　　D．连接主义

16．机器智能目前还无法达到人类智能，其主要原因是（　　）。

A．机器智能占有的数据量还不够大

B．机器智能的支持设备的计算能力不足

C．机器智能的推理规则不全面

D．机器智能缺乏直觉和顿悟能力

二、简答题

1．简述人工智能的定义和分类。

2．简述人工智能的发展历史。

3．简述人工智能的三个主要学派。

4．试举例几个我们身边的人工智能应用。

5．请结合自己的专业，简述人工智能在我们所学专业中的应用。

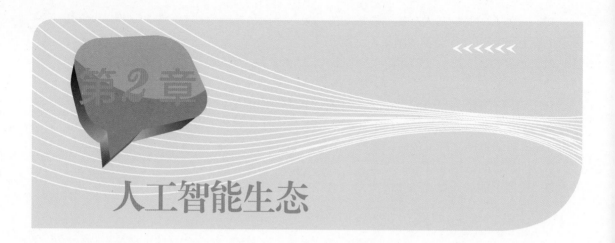

人工智能生态

第2章

学习目标

素养目标

- 通过学习大数据、物联网、云计算、5G 通信技术，培养学生的探索创新精神；
- 通过学习大数据案例，培养学生的提出问题、分析问题、解决问题的能力；
- 通过对我国 5G 网络建设状况的了解，激发学生科技报国的家国情怀和使命担当。

知识目标

- 理解大数据的概念、特性，并了解其相关应用；
- 理解物联网的概念、技术架构、特点、未来趋势，并了解其相关应用；
- 理解云计算的概念、特点、分类、服务模式，并了解其相关应用；
- 理解 5G 通信技术的概念、关键技术，并了解其相关应用。

能力目标

- 能够针对大数据、物联网、云计算、5G 通信技术具体应用功能，阐述其实现原理；
- 能够理解大数据、物联网与人工智能的关系；
- 会使用百度网盘、二维码分享等工具。

思维导图

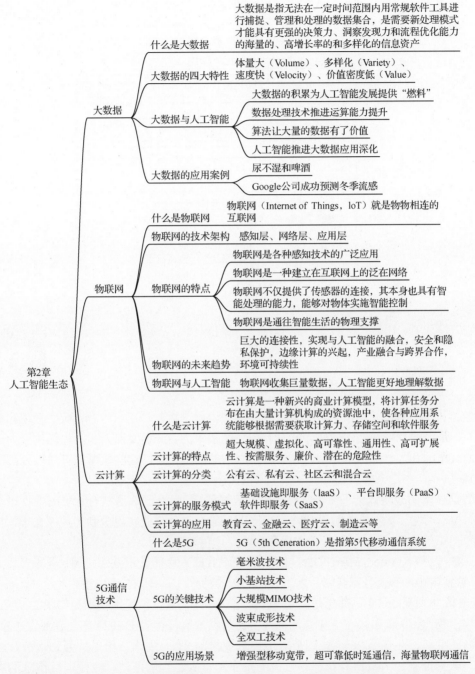

人工智能的目的就是让机器能够像人类一样思考，让机器拥有智能。时至今日，人工智能的内涵已经大大扩展，成为一门交叉学科。人工智能三要素是数据、算力和算法。其中，数据指的就是大数据，是人工智能发展的基石；算力指的是计算机的超级计算能力，是人工智能发展的保障；算法是人工智能的灵魂。三者相辅相成、相互依赖、相互促进，共同推动人工智能向前发展。

人工智能作为一门交叉学科，向下需要基础硬件、芯片、云计算为其提供算力支撑，并需要利用互联网、物联网、5G 网络搜集海量数据；向上需要利用成熟的深度学习算法，将成果渗透到各行各业的应用场景中。人工智能的产业结构如图 2-1 所示。

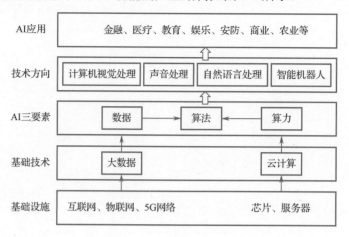

图 2-1　人工智能的产业结构

2.1　大数据

2.1.1　什么是大数据

微课：什么是大数据

大数据（Big Data），是指无法在一定时间范围内用常规软件工具进行捕捉、管理和处理的数据集合，是需要利用新处理模式才能具有更强的决策力、洞察发现力和流程优化能力的海量的、高增长率的和多样化的信息资产，如购物网站的消费记录，这些数据只有通过处理和整合后才有意义。

大数据技术的战略意义不在于掌握庞大的数据信息，而在于对这些有意义的数据进行专业化处理。换而言之，如果把大数据比作一种产业，那么这种产业实现盈利的关键在于，提高对数据的"加工能力"，通过"加工"实现数据的"增值"。

国际数据公司（International Data Corporation，IDC）发布了《2023 年 V1 全球大数据支出指南》。该指南中的预测数据显示，2022 年中国大数据市场总体 IT 投资规模约为 170 亿美元，并将在 2026 年增至 364.9 亿美元，实现规模翻倍。中国大数据市场规模预测如图 2-2 所示。与全球总规模相比，中国市场在五年预测期内占比持续增高，有望在 2024 年超越亚太（除中日）市场规模的总和，并在 2026 年接近全球市场总规模的 8%。中国市场保持强劲增长，随着数字中国、数据要素、大数据等新一轮政策的发布和重大工程的落地，企业项目需求的进一步释放，以及各行业、各领域在完成基础信息化建设后对于数据价值挖掘的需求，我国大数据市场迎来了新的爆发阶段。

有人把数据比喻为蕴藏能量的煤矿。煤炭按照性质有焦煤、无烟煤、肥煤、贫煤等分类，而露天煤矿与深山煤矿的挖掘成本又不一样。与此类似，大数据的意义并不在于"大"，而在于"有用"。价值含量和挖掘成本比数量更为重要。对于很多行业而言，如何利用这些大规模数据是赢得竞争的关键。现如今，用户在使用淘宝进行购物，或者使用百度进行搜索时发现，这些应用软件总能向用户推荐其想要看的，这就是大数据决策的体现。这些应用软件依据大数据分析，匹配用户属于哪一类人群，从而给用户推荐这一类人群喜好的内容。

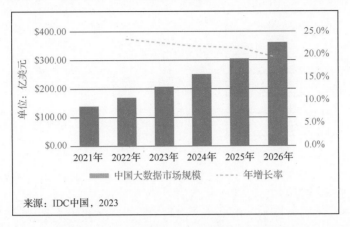

图 2-2 2021—2026 年中国大数据市场规模预测

大数据的兴起也让数据分析师、数据科学家、大数据工程师、数据可视化等成为了热门职业。现如今，大数据已经无处不在，包括环境、农业、教育行业、医疗行业、零售行业、金融行业、智慧城市等在内的社会各行各业都融入了大数据的印记。大数据应用场景如图 2-3 所示。

图 2-3 大数据应用场景

2.1.2 大数据的四大特性

大数据有四大特性，分别为体量大（Volume）、多样化（Variety）、速度快（Velocity）、价值密度低（Value），通常又称为 4V，如图 2-4 所示。

（1）体量大。大数据的特性首先就是体现了数据量的"大"，从一开始的 TB 级别，增加到 PB 级别，其起始计量单位至少是 PB（1000TB）、EB（100 万 TB）或 ZB（10 亿 TB）。随着信息技术的飞速发展，数据爆发性地增长。数据的来源有社交网络、移动网络、各种智能工具及服务工具等。例如，在淘宝网有近 4 亿会员，每日产生的商品交易数据约 20TB。因此，亟需利用智能的算法、强大的数据处理平台和全新的数据处理技术，来统计、分析、预测和实时处理这么大规模的数据。

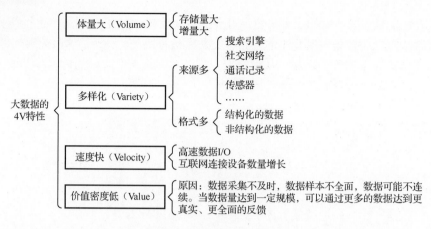

图 2-4　大数据的四大特性

（2）多样化。众多的数据来源，也就决定了大数据形式的多样化。例如，在当前的上网用户中，每个人的年龄、学历、爱好、性格等特征都不一样，这也是大数据的多样性。每个地区，每个时间段，都会存在各种各样的数据多样性。任何形式的数据都能产生作用，目前应用最广泛的就是推荐系统。例如，淘宝网、网易云音乐、今日头条等，这些平台都会对用户的日志数据进行分析，进而向用户推荐其喜欢的内容。日志数据是一种结构化明显的数据，但还有一些数据的结构化并不明显，如图片、音频、视频等数据的因果关系较弱，因此需要人工对其进行标注。

（3）速度快。速度快是指通过算法可以高速地对数据进行逻辑处理，从而在各种类型的数据中快速获得高价值的信息，这与传统的数据挖掘技术有着本质的不同。大数据的产生十分迅速，主要通过互联网传输。生活中的每个人都离不开互联网，可以说，每个人每天都在提供众多的数据，而这些数据都是应该被及时处理的。花费大量资本去存储作用较小的历史数据是很不划算的，特别是对于一个平台来说，也许保存的数据只是在过去几天或者一个月之内的，长时间的数据就要及时清理，否则保存的代价很大。基于这种情况，大数据对处理的速度有着非常严格的要求，服务器中的很多资源都用于处理和计算数据，很多平台都需要实时分析这些数据。在企业竞争的过程中，谁对数据的处理速度更快，谁就会占据发展优势。

（4）价值密度低。这也是大数据的核心特征。在现实世界所产生的数据中，有价值的数据所占比例很小。相比于传统的小数据，大数据最大的价值是从大量不相关的各种类型的数据中，挖掘出对未来趋势与模式预测分析有价值的数据，并通过机器学习方法、人工智能方法或数据挖掘方法去深度分析，从而发现新规律和新知识。例如，拥有 1PB 以上的全国范围内 20～35 岁年轻人的上网数据，那么可以通过分析这些数据，了解这些人的爱好，进而指导产品的发展方向等。又如，拥有全国几百万病人的数据，则可以分析这些数据以预测疾病的发生。大数据的应用非常广泛，如应用于农业、金融、医疗等不同领域，从而最终达到改善社会治理、提高生产效率、推进科学研究的效果。

2.1.3　大数据与人工智能

近几年，人工智能技术在各行各业的应用已随处可见。在生产制造业中，自动视觉检测、机器参数调整、产量优化、维护预测等技术的应用极大地提高了生产效率；服务型机器人深入翻译、会计、客服等领域，服务业正在发生重要变革；此外，在金融、医疗等领域，也因人工智能技术的加入而更加繁荣。在某种意义上，人工智能为经济发展提供了一种新的能量。在人工智能的飞速发展的背后离不开大数据的支持，而在大数据的发展过程中，人工智能的加入也使得更多类型、更大体量的数据能够得到迅速的处理与分析。因此，大数据与人工智能是相辅相成的关系。

（1）大数据的积累为人工智能的发展提供"燃料"。大数据的应用需要经历采集与预处理、存储与管理、分析与加工、可视化计算及数据安全等过程，具有数据规模不断扩大、种类繁多、产生速度快、处理能力要求高、时效性强、可靠性要求严格、价值大但密度较低等特点，可以为人工智能提供丰富的数据积累和训练资源。以人脸识别所用的训练图像数量为例，百度训练人脸识别系统需要 2 亿幅人脸图像。

（2）数据处理技术推进运算能力提升。人工智能领域收集了海量数据，传统的数据处理技术难以满足高强度、高频次的处理需求。AI 芯片的出现大大提升了大规模处理大数据的效率。目前，出现了 GPU、NPU、FPGA 和各种各样的 AI-PU 专用芯片。相较于传统的双核 CPU，AI 芯片能够提升约 70 倍的运算速度。

（3）算法让大量的数据有了价值。无论是特斯拉的无人驾驶，还是谷歌的机器翻译；不管是微软的"小冰"，还是英特尔的精准医疗，都可以见到"学习"大量的"非结构化数据"的"身影"。"机器学习""深度学习""增强学习"等技术的发展推动着人工智能的进步。以计算机视觉为例，作为一个数据复杂的领域，传统的浅层算法识别的准确率并不高。自深度学习出现以后，基于寻找合适特征可以使机器识别物体的精准度从 70% 提升到 95%。由此可见，人工智能的快速演进，不仅需要理论研究，还需要大量的数据作为支撑。

（4）人工智能推进大数据应用深化。在算力指数级增长及高价值数据的驱动下，以人工智能为核心的智能化正在不断延伸其技术应用的广度，拓展其技术突破的深度，增强其技术落地（商业变现）的速度。例如，在新零售领域，大数据与人工智能技术的结合可以提升人脸识别的准确率，商家可以更好地预测每个月的销售情况；在交通领域，大数据和人工智能技术的结合可以开发基于大量交通数据的智能交通流量预测、智能交通疏导等人工智能应用，从而实现对整体交通网络的智能控制；在健康领域，大数据和人工智能技术的结合能够提供医疗影像分析、辅助诊疗、医疗机器人等更便捷、更智能的医疗服务。同时，在技术层面，大数据技术已经基本成熟，并且推动人工智能技术以惊人的速度进步；在产业层面，智能安防、自动驾驶、医疗影像等应用都在加速落地。

随着人工智能的快速应用及普及，大数据不断累积，深度学习及强化学习等算法不断优化，大数据技术将与人工智能技术更紧密地结合，具备对数据的理解、分析、发现和决策的能力，从而能够从数据中获取更准确、更深层次的知识，挖掘数据背后的价值，催生新业态、新模式。

2.1.4 大数据的应用案例

（1）案例 1：尿不湿和啤酒。

超级商业零售连锁"巨无霸"沃尔玛拥有世界上最大的数据仓库系统之一。为了能够准确了解顾客在其门店的购买习惯，沃尔玛对其顾客的购物行为进行了"购物篮关联规则"分析，以了解顾客经常一起购买的商品有哪些。在沃尔玛庞大的数据仓库里集合了其所有门店的详细的原始交易数据，在这些原始交易数据的基础上，沃尔玛利用数据挖掘工具对这些数据进行分析和挖掘。一个令人惊奇和意外的结果出现了："跟尿不湿一起购买最多的商品竟是啤酒！"这是数据挖掘技术对历史数据进行分析的结果，反映出数据的内在规律。那么这个结果符合现实情况吗？是否是一个有用的知识？是否有利用价值？

为了验证这一结果，沃尔玛派出市场调查人员和分析师对这一结果进行调查分析。经过大量的实际调查和分析，他们揭示了隐藏在"尿不湿与啤酒"背后的美国消费者的一种行为模式：在美国，到超市购买婴儿尿不湿的人是一些年轻父亲下班后的日常工作，而他们中30%～40%的人同时也会为自己买一些啤酒。产生这一现象的原因是，美国的年轻妈妈们经常叮嘱她们的丈夫不要忘了下班后为小孩买尿不湿，而丈夫们在购买尿不湿后又随手带回了他们喜欢的啤酒。另一种情况是，丈夫们在买啤酒时突然记起他们的责任，又去购买了尿不湿。既然尿不湿与啤酒一起被购买的机会有很多，于是沃尔玛就在他们所有门店里将尿不湿与啤酒并排摆放在一起，如图2-5所示，其结果是尿不湿与啤酒的销售量双双得到增长。按照常规思维，尿不湿与啤酒风马牛不相及，若不是借助数据挖掘技术对大量交易数据进行挖掘分析，沃尔玛是不可能发现这一有价值的规律的。

图 2-5　沃尔玛把尿不湿和啤酒摆在一起

（2）案例 2：Google 公司成功预测冬季流感。

Google 公司的设计人员认为，人们输入的搜索关键词代表了他们的即时需要，反映出用户情况。为了便于建立关联，设计人员编入"一揽子"流感关键词，包括温度计、流感症状、肌肉疼痛、胸闷等。只要用户输入这些关键词，系统就会展开跟踪分析，创建地区流感图表和流感地图。2009 年，Google 公司通过分析 5000 万条美国人最频繁检索的词汇，将之与美国疾病中心在 2003 年到 2008 年间季节性流感传播时期的数据进行比较，并建立一个特定的数学模型。最终 google 公司成功预测了 2009 冬季流感的传播，甚至可以将传播的范围具体定位到特定的地区和州。

2.2　物联网

2.2.1　什么是物联网

1. 物联网的概念

微课：什么是物联网

物联网（Internet of Things，IoT）就是物物相连的互联网。在物联网中，可以应用电子标签将真实的物体在网上连接起来，查找出它们的具体位置。通过物联网，可以利用中心计算机对机器、设备、人员进行集中管理和控制，也可以对家庭设备、汽车进行遥控。物联网收集的数据可以聚集成大数据，用以进行道路设计、灾害预测、犯罪防治、流行病控制等。

物联网的核心和基础仍然是互联网，物联网是在互联网基础上延伸和扩展出来的网络。物联网通过智能感知、识别技术与普适计算等通信感知技术，广泛应用于网络的融合中，也因此被称为继计算机、互联网之后世界信息产业发展的第三次浪潮。物联网是互联网的应用与拓展，与其说物联网是网络，不如说物联网是业务和应用。

2. 物联网的容量

当前，全球物联网核心技术持续发展，标准体系正在加快构建，产业体系处于建立和完善的过程中。未来几年，全球物联网市场的规模将出现快速增长。数据显示，2021 年全球物联网企业级投资规模约为 6812.8 亿美元，有望在 2026 年增至 1.1 万亿美元，五年复合增长率（CAGR）为 10.8%。据预测，2026 年中国物联网 IT 支出规模接近 2981.2 亿美元，占全球物联网总投资的四分之一左右，投资规模将领跑全球。

3. 物联网的历史

连接设备和传感器无处不在的世界是科幻小说中所描述的未来场景之一。1970 年，卡内基梅隆大学的自动售货机是连接到物联网的第一台设备。"物联网"一词是由英国技术专家凯文·阿什顿（Kevin Ashton）于 1999 年提出的。

在物联网发展初期，技术落后于愿景。每一个连接互联网的事物都需要一个处理器和一种与其他事物通信的方式，而这些需求带来了成本和功率要求，使得至少在摩尔定律时代广泛的物联网部署变得不切实际。

物联网发展的一个重要里程碑是射频识别（Radio Frequency Identification，RFID）标签的广泛采用，其工作原理及应用如图 2-6 所示。这是一种廉价的微型转发器，可以粘贴在任何物体上，以将其连接到更大的互联网世界。

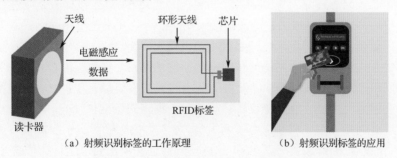

（a）射频识别标签的工作原理　　　（b）射频识别标签的应用

图 2-6　射频识别标签的工作原理及应用

IPv6 的推出更是意味着能够将数十亿个"物"连接到互联网，且不会耗尽 IP 地址。

2.2.2　物联网的技术架构

物联网的技术架构分为感知层、网络层和应用层，如图 2-7 所示。

（1）感知层。感知层由各种传感器/探测器、RFID 标签与读写设备、摄像头、个人终端、GPS 等感知终端构成。感知层主要负责采集物体的信息。

（2）网络层。网络层主要负责实现信息的传递，包括各种电信网络和互联网的融合。

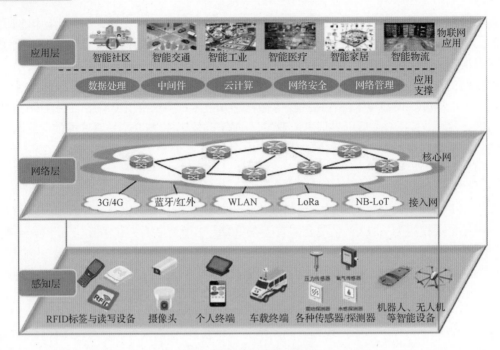

图 2-7　物联网的技术架构

（3）应用层。应用层主要负责处理感知层采集到的信息，实现智能化识别、定位、跟踪、监控和管理等实际应用。该层包括数据处理、中间件、云计算、网络安全、网络管理等应用支撑系统，以及基于这些应用支撑系统建立的物联网应用，如智能工业、智能交通、智能社区、智能医疗等。应用层对物联网信息和数据进行融合处理和利用，达到信息最终为人们所使用的目的。

物联网的设备入网方式分为直接接入和网关接入两种方式。直接接入是指物联网终端设备本身带有通信模块，具备联网能力，可直接接入网络；网关接入是指物联网终端设备本身不具备入网能力，需要在本地组网后，统一通过网关再接入网络。

物联网网关是连接无线传感网络与传统通信网络的纽带，集数据监控和传输于一身，用于完成不同类型网络之间的协议转换，以及实现节点的数据收集与远程控制。物联网网关的主要功能包括管理功能、源寻址功能、协议转换功能与数据格式标准化功能。

物联网协议分为接入协议和通信协议两大类。接入协议一般负责子网内设备间的组网及通信，常见的接入协议有 zigbee、蓝牙及 Wi-Fi 协议等；通信协议主要是运行在传统互联网 TCP/IP 之上的设备通信协议，负责设备通过互联网进行数据交换及通信，常见的通信协议有 HTTP、websocket、XMPP、COAP、MQTT 等。

2.2.3　物联网的特点

物联网主要有以下几个特点。

（1）物联网是各种感知技术的广泛应用。物联网中部署了海量的多种类型的传感器，每一个传感器就是一个信息源，不同类型的传感器所捕获的信息内容和信息格式不同。传感器按一定的频率周期采集环境信息，获得的数据具有实时性。

（2）物联网是一种建立在互联网上的泛在网络。物联网中的传感器定时采集的信息需要通过互联网传输，由于其数量极其庞大，形成了海量信息。在数据的传输过程中，为了保障数据的正确性和及时性，物联网必须适应各种异构网络和协议。

（3）物联网不仅提供了传感器的连接，而且其本身也具有智能处理的能力，能够对物体实施智能控制。物联网将传感器和智能处理相结合，利用云计算、模式识别等各种智能技术，扩充其应用领域。物联网能够从传感器获得的海量信息中分析、加工和处理出有意义的数据，以适应不同用户的不同需求，并可以发现新的应用领域和应用模式。

（4）物联网提供不拘泥于任何场合、任何时间的应用场景，并可与用户自由互动。物联网依托云平台和互联互通的嵌入式处理软件，弱化技术色彩，强化与用户之间的良性互动，为用户提供更好的体验、更及时的数据采集和分析建议。物联网是通往智能生活的物理支撑。

2.2.4 物联网的未来趋势

物联网的未来趋势主要有以下几个方面。

（1）巨大的连接性。未来，物联网将连接更多的设备和物体。预计到 2025 年，全球物联网设备的数量将超过 1000 亿。这将促进各种行业完成数字化转型，为人们提供更多的便利和智能化服务。

（2）实现与人工智能的融合。人工智能将与物联网相结合，为物联网提供更加智能的算力。利用机器学习和深度学习等算法，物联网设备可以分析和处理大量数据，并做出智能决策。这将进一步提升物联网应用的智能化水平，为用户提供个性化的体验和服务。

（3）安全和隐私保护。随着物联网的普及，安全和隐私问题也变得尤为重要。未来，物联网将加强对数据的保护和隐私的管理，采取加密技术、身份认证和访问控制等安全措施，以确保物联网设备和数据的安全性，并将加强隐私保护法律法规的制定和执行，全面保护用户的个人信息和隐私。

（4）边缘计算的兴起。边缘计算是指在本地物联网设备上进行数据处理和存储，而不是依赖于远程云服务器。未来，边缘计算将得到更广泛的应用。边缘计算可以减少数据传输时延，提高响应速度，减轻云端负担。由于敏感数据可以在本地进行处理，不必进行网络传输，因此边缘计算还能增强数据的安全性。

（5）产业融合与跨界合作。物联网的发展将促进不同行业之间的融合与合作。传统行业，如制造业、交通运输和能源等都将与信息技术相结合，实现更高效的生产和管理。跨界合作将推动技术的创新和进步，为各行各业带来更多的机遇和发展空间。

（6）环境可持续性。未来，物联网将越来越注重环境的可持续性。通过物联网技术可以实现能源管理的智能化，提高能源利用效率，减少能源浪费和环境污染。同时，物联网可以为环境监测和资源管理提供数据支持，实现绿色环保等可持续发展目标。

2.2.5 物联网与人工智能

1. 物联网和数据

所有物联网设备都可以收集巨量的数据，通过边缘网关汇集后发送到平台进行处理。通过从现实世界中的传感器收集信息，物联网可以实时做出灵活的决策。

2. 物联网和大数据

大数据操作的流程是，使用从物联网收集的信息，并与其他数据点相关联，以深入了解人类行为。例如，某咖啡经销商首先从分布在各处的联网咖啡机收集咖啡冲煮信息，然后将这些信息与发表在社交媒体上的帖子进行匹配，以查看客户是否在网上谈论相关咖啡品牌。

3. 物联网数据和人工智能

物联网设备可以收集的数据量远大于任何人类以有用的方式处理的数据量，因此需要物联网设备具备人工智能的功能，以更准确地分析其所收集的数据。同时，物联网设备可以在物联网数据集上进行训练，以在预测性维护领域产生有用的结果。例如，分析来自无人机的数据，以区分桥梁的损坏程度和需要注意的裂缝。

2.3 云计算

2.3.1 什么是云计算

微课：什么是云计算

云计算是分布式计算、并行计算、效用计算、网络存储、虚拟化、负载均衡、热备份冗余等传统计算机和网络技术发展融合的产物。

云是网络、互联网的一种比喻说法。过去用云来表示电信网，后来用云来表示互联网和底层基础设施。云计算是一种新兴的商业计算模型，云计算模型如图 2-8 所示。云计算将计算任务分布在由大量计算机构成的资源池中，使各种应用系统能够根据需要获取计算力、存储空间和软件服务。

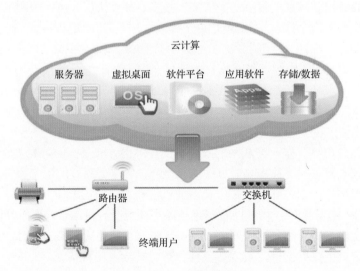

图 2-8　云计算模型

美国国家标准与技术研究院（National Institute of Standards and Technology，NIST）认为，云计算是一种按照使用量付费的模式，这种模式提供可用的、便捷的、按需的网络访问，用户进入可配置的计算资源共享池后（资源包括网络、服务器、存储/数据、应用软件、服务），这些资源能够被快速提供。

云计算实现了对共享的可配置计算资源的按需和快捷访问，这些资源可以通过很小的管理代价或者与服务提供者进行很少的交互而被快速地提供。

云计算的出现是对计算资源使用方式的一种巨大变革。它意味着计算能力也可以作为一种商品进行流通，并且使用方便、费用低廉，而且它是通过互联网进行传输的。

云计算不仅是人工智能的基础计算平台，也是将人工智能的能力集成到千万应用中的便捷途径。云计算具有每秒 10 万亿次的运算能力，用户可以通过计算机、手机等方式接入云计算数据中心，按需求进行运算。云计算作为 IT 基础设施，是人工智能与大数据之间的桥梁。云计算支撑了人工智能和大数据这些计算存储密集型任务，让信息化、智能化服务无处不在。云计算既是人工智能技术持续更新的重要推手，也是获得海量真实大数据的重要方式。

2.3.2　云计算的特点

云计算的特点包括超大规模、虚拟化、高可靠性、通用性、高可扩展性、按需服务、廉价、潜在的危险性等。

（1）超大规模。"云"具有相当大的规模，Google"云"已经拥有 100 多万台服务器，Amazon "云"、IBM "云"、微软 "云"、Yahoo "云" 等均拥有几十万台服务器。企业私有云一般拥有数百上千台服务器。"云"能赋予用户前所未有的计算能力。

（2）虚拟化。云计算支持用户在任意位置，使用各种终端获取应用服务。用户所请求的资源来自"云"，而不是固定的有形的实体。用户无须了解应用在"云"中的具体运行位置。

（3）高可靠性。"云"使用数据多副本容错、计算节点同构可互换等措施来保障服务的高可靠性，因此使用云计算比使用本地计算机可靠。

（4）通用性。云计算不针对特定的应用，在"云"的支撑下可以构造出千变万化的应用，同一个"云"可以同时支撑不同应用的运行。

（5）高可扩展性。"云"的规模可以动态伸缩，从而可以满足应用和用户规模增长的需要。

（6）按需服务。"云"是一个庞大的资源池，在使用云计算服务时，用户所获得的计算机资源可以按照用户个性化需求的增加或减少进行变化，并可以根据用户实际使用的资源量进行计费。

（7）廉价。"云"具备特殊容错措施，因此可以采用极其廉价的节点来构成"云"。"云"的自动化集中式管理方式，使用户无须负担日益增长的数据中心管理成本，"云"的通用性使资源的利用率较之传统系统大幅提升，用户可以充分享受"云"的低成本优势。

（8）潜在的危险性。云计算除可以提供计算服务外，还可以提供存储服务。在当今社会中，"信息"是至关重要的资源，信息安全是选择云计算服务时必须考虑的重要前提。

2.3.3　云计算的分类

按照网络结构进行分类，云计算可以分为公有云、私有云、社区云和混合云。

（1）公有云。公有云是为大众而构建的，所有入驻用户都称为租户。公有云不仅同时支持多个租户，而且一个租户离开，其资源可以立即被释放给下一个租户，因此可以在大范围内实现资源优化。由于公有云存在安全问题，因此敏感行业、大型用户需要慎重选择。但对于一般的中小型用户，无论是数据泄露的风险，还是停止服务的风险，公有云都远远小于用户自己架设的机房。

（2）私有云。私有云是为一个用户或一个企业单独使用而构建的，因而能够提供对数据安全性和服务质量的最有效控制。私有云可由企业自己的 IT 机构或云供应商进行构建，既可以部署在企业数据中心的防火墙内，又可以部署在一个安全的主机托管场所。私有云的核心属性是专属资源，通常用于实现小范围内的资源优化。

（3）社区云。社区云通常构建在特定的、由多个目标相似的公司组成的群组中。这些企业共享一套基础设施，所产生的成本由这些企业共同承担，因此所能实现的成本节约效果并不大。群组中的成员都可以登录社区云，并从中获取信息和使用应用程序。

（4）混合云。混合云是公有云和私有云的组合，这种组合可以是计算的、存储的，也可以是两者兼而有之的。用户可以将企业中的非关键信息外包，并在公有云上存储和处理，同时将企业的关键业务及核心数据存放在安全性能更高的私有云上。这种模式可以比较有效地降低企业使用私有云服务的成本，同时达到增强安全性的目的。

2.3.4　云计算的服务模式

按照服务模式划分，云计算可以分为 IaaS（基础设施即服务）、PaaS（平台即服务）和 SaaS（软件即服务）三种服务模式。

（1）IaaS（Infrastructure as a Service）：云服务提供商把 IT 系统中的基础设施层作为服务出租出去，由消费者自己安装操作系统、中间件、数据库和应用程序。

（2）PaaS（Platform as a Service）：云服务提供商把 IT 系统中的平台软件层作为服务出租出去，由消费者自己开发或安装程序，并运行程序。

（3）SaaS（Software as a Service）：云服务提供商把 IT 系统中应用软件层作为服务出租出去，消费者无须自己安装应用程序，直接使用即可，从而进一步降低了云服务消费者使用云服务时的技术门槛。

2.3.5　云计算的应用

云计算的应用主要有教育云、金融云、医疗云和制造云等。

（1）教育云。教育云是云计算技术在教育领域的迁移应用，包括教育信息化所需的所有硬件计算资源，可以为教育机构、员工、学习者提供良好的云服务平台。2013 年 10 月 10 日，清华大学推出 MOOC 平台——学堂在线，许多大学现已使用学堂在线开设课程。

（2）金融云。金融云是指利用云计算的模型组成原理，将金融产品、信息和服务分散到由大型分支机构组成的云网络中，以提高金融机构快速发现和解决问题的能力。金融云可以帮助金融机构提高整体工作效率、改善流程、降低运营成本。

（3）医疗云。医疗云是指在医疗卫生领域采用物联网、大数据、5G 通信、移动技术、多媒体等新技术的基础上，结合医疗技术，运用云计算的理念构建医疗卫生服务云平台。

（4）制造云。制造云是云计算向制造业信息化领域延伸与发展后的落地与实现，用户通过网络和终端就能够随时按需获取制造资源与能力服务，进而智慧地完成其制造全生命周期的各类活动。

2.4　5G通信技术

互联网改变了世界，移动互联网重新塑造了我们的生活，"在家不能没有网络，出门不能忘带手机"已成为很多人的共同感受。人们对互联网的要求是更高速、更便捷、更强大、更便宜，需求中的"更"是没有止境的，从而促使移动互联网技术突飞猛进地发展，技术体制的更新换代也随之越来越快。很多用户刚刚踏入4G的门槛，5G时代很快就到来了。

2.4.1　什么是5G

5G（5th Generation）指第5代移动通信系统，即继1G、2G、3G、4G系统之后的延伸。移动通信发展过程如图2-9所示。

微课：什么是5G

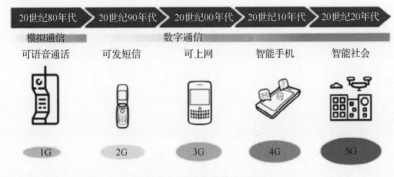

图2-9　移动通信发展过程

● 1G：语音通话，20世纪80年代。
● 2G：消息传递，20世纪90年代。
● 3G：多媒体、文本、互联网，20世纪90年代末至21世纪初。
● 4G：实时数据，包括车载导航、短视频，2008年推出。
● 5G：高速率、低时延、大连接，人机物互联，2019年我国开始正式将5G用于商业用途。

从模拟通信到数字通信，从文字传输、图像传输再到视频传输，移动通信技术极大地改变了我们的生活。5G之前的移动通信网络技术，只是专注于移动通信，而5G在此基础上覆盖了工业互联网、自动驾驶等诸多应用场景。因此，5G的性能目标是高数据传输速率、低时延、节省能源、降低成本、提高系统容量和大规模设备连接。

2.4.2　5G的关键技术

5G的关键技术主要有毫米波技术、小基站技术、大规模MIMO技术、波束成形技术、全双工技术等。

1. 毫米波技术

5G属于通信领域，这就涉及如下光速公式：

$$c=\lambda f$$

式中，c为光速，在真空中是一个常值；λ为波长；f为频率。波长越长，频率就越低，无线电波绕射能力就越强，信号所能覆盖的范围就越大；波长越短，频率就越高，传输带宽就越宽，网速也就越快。

无线通信的频率分布如图 2-10 所示。对于 5G 通信，如果频率为 28GHz，则对应的波长约为 10.7mm，因此可知 5G 是毫米波。毫米波具备高速率和高带宽的特性，但存在损耗大和传输距离短的弊端。因此，5G 网络更加依赖小基站和高密度的组网，以及大规模天线阵列的铺设。

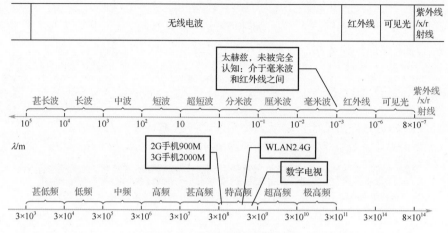

图 2-10　无线通信的频率分布

2. 小基站技术

毫米波技术的缺点是穿透力差、衰减大，因此毫米波频段下的 5G 通信在高楼林立的环境下传输并不容易，而小基站则可以解决这一问题。因为毫米波的频率很高、波长很短，意味着其天线的尺寸可以做得很小，这是部署小基站的基础。大量的小型基站可以覆盖大基站无法触及的末梢通信。如果以 250m 左右的间距部署小基站，则运营商可以在每个城市部署数千个小基站以形成密集网络，每个基站可以从其他基站接收信号，并向任何位置的用户发送数据。小基站不仅在规模上小于大基站，而且功耗也大为降低，小基站技术如图 2-11 所示。

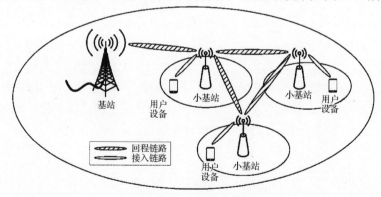

图 2-11　小基站技术

3. 大规模 MIMO 技术

4G 基站只有十几根天线，但 5G 基站可以支持上百根天线。这些天线通过大规模多进多出（Multiple-Input Multiple-Output，MIMO）技术形成大规模天线阵列，可以同时实现向更多的用户发送和接收信号，从而将移动网络的容量提升数十倍甚至更高。大规模 MIMO 技术如图 2-12 所示。

正如隆德大学教授 Ove Edfors 所说"大规模 MIMO 开启了无线通信的新方向,当传统系统使用时域或频域为不同用户之间实现资源共享时,大规模 MIMO 则导入了空间域的新途径,基站采用大量天线并进行同步处理,可同时在频谱效益与能源效率方面取得几十倍的增益。"

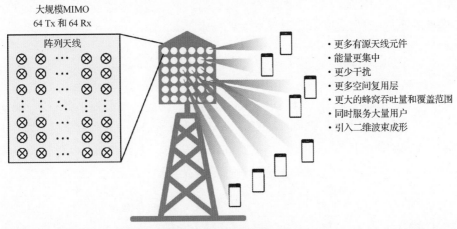

图 2-12　大规模 MIMO 技术

4. 波束成形技术

大规模 MIMO 技术为 5G 大幅增加容量的同时,其多天线的特点也势必产生更多的干扰,波束成形技术是解决这一问题的关键。通过有效地控制这些天线,使其发出的电磁波在空间上互相抵消或增强就可以形成一个很窄的波束,从而使有限的能量集中在特定方向上传输,不仅传输距离更远,而且还避免了信号的干扰。波束成形技术如图 2-13 所示。波束成形技术还可以提升频谱的利用率,通过这一技术可以同时利用多个天线传输更多的信息。基于大规模的天线基站群,可以通过信号处理算法计算信号传输的最佳路径和移动终端的位置。因此,波束成形技术可以解决毫米波信号被障碍物阻挡、远距离衰减等问题。

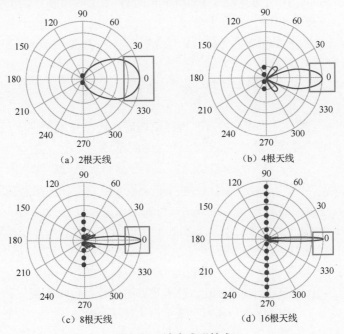

图 2-13　波束成形技术

5. 全双工技术

5G 的另一大特色是全双工技术。全双工技术是指设备的发射机和接收机在相同的频率资源上同时工作，使得通信的两端同时在上行及下行时使用相同的频率，突破了现有的频分双工（FDD）和时分双工（TDD）模式下的半双工的缺陷，这是通信节点实现双向通信的关键条件之一，也是 5G 所需的高吞吐量和低时延的关键技术。

2.4.3　5G 的应用场景

5G 拥有比 4G 更高的性能，支持 0.1～1Gbps 的用户体验速率、每平方千米 100 万的连接数（连接/km^2）密度、毫秒级的端到端时延、每平方千米数+Tbps 的流量密度、每小时 500km 以上的移动性和数+Gbps 的峰值速率。5G 的关键能力如表 2-1 所示。

表 2-1　5G 的关键能力

场　　景	关　键　性　能
连续广域覆盖	100Mbps 用户体验速率
热点高容量	用户体验速率：1Gbps
	峰值速率：数+Gbps
	流量密度：数+Tbps/km^2
低功耗大连接	连接数密度：10^6 连接/km^2
	超低功耗，超低成本
低时延高可靠	空口时延：1ms
	端到端时延：ms 量级
	可靠性：接近 100%

国际电信联盟无线电通信部门定义了 5G 的三大典型应用场景。

（1）增强型移动宽带：面向虚拟现实（Virtual Reality，VR）、增强现实（Augmented Reality，AR），以及在线视频 4K/8K（4K 和 8K 是指电视机的分辨率，4K 是指分辨率达到 3840 像素×2160 像素，即 829 万以上像素的画面。而 8K 则是指分辨率高达 7680 像素×4320 像素，即 3300 万以上像素）等高带宽需求业务。

（2）超可靠低时延通信：面向车联网、自动驾驶、远程外科手术、智能电网和无人机等对时延敏感的业务。

（3）海量物联网通信：面向智慧城市、智能交通等高连接密度需求业务。

5G 的到来使更高的速率、更大的带宽、更低的时延成为可能。随着人工智能与物联网、大数据的深度融合，将形成诸多平台解决方案。人工智能将提供分析物联网设备收集的大数据的算法，识别各种分析模式，进行智能预测和智能决策。随着物联网设备数量的增加，以及海量数据的产生，5G 增强网络的大规模连接就变得尤为重要。只有实现更广泛的覆盖、更稳定的连接和更快的数据传输速度，才能实现真正意义上的万物互联。

工业和信息化部统计数据显示，截至 2022 年 7 月底，我国累计建成并开通 5G 基站 196.8 万个，5G 移动电话用户达到 4.75 亿户，已建成全球规模最大的 5G 网络。从"3G 突破""4G 同步"走向"5G 引领"，我国 5G 发展在标准、技术等方面已经具备领先优势。公开数据显示，在全球 5G 标准必要专利中，中国企业专利声明数量占比位居全球首位，中国企业积极参与并牵头完成了部分 5G 国际标准的制定。目前，华为公司在 5G 方面处于技术领先水平，该公司拥有 5G

专利超过 1.6 万个，占全球 20%以上，是全球唯一一家能够提供 5G 端到端服务的厂商。华为公司作为 5G 标准的重要技术贡献者，已公布了 5G 标准基本专利许可费率。2022 年 3 月，华为公司知识产权部部长丁建新宣布，华为对遵循 5G 标准的专利许可费上限为单台手机 2.5 美元。

5G 开启了一个全新的万物互联世界，实现了人与人、人与物、物与物的全面互联，并逐步渗透到经济社会的各个领域，成为经济社会数字化转型的重要基础设施。社会各行各业广泛应用 5G，与信息通信技术的深度融合，将推动整个社会逐步进入数字化、信息化、智能化时代。

2.5　本章实训

微课：使用百度网盘

2.5.1　实训 1　使用百度网盘

借助百度网盘，学习在文件上传、下载和分享的使用方法，以增加对云计算的了解。

（1）在浏览器中打开"百度网盘"页面，选择"客户端下载"→"Windows 点击立即下载"命令，开始下载安装程序。

（2）双击安装包文件，选择安装位置，并勾选"阅读并同意用户协议和隐私政策"复选框，单击"极速安装"按钮开始安装。

（3）安装完成后，打开百度网盘客户端登录界面，如图 2-14 所示。如果尚未注册，则单击"注册账号"超链接，打开"欢迎注册"界面，如图 2-15 所示，按要求输入相关信息后，单击"注册"按钮。

图 2-14　百度网盘客户端登录界面　　　　图 2-15　百度网盘注册界面

（4）注册完成后在如图 2-14 所示界面中登录，进入百度网盘主界面，如图 2-16 所示。

（5）上传文件。单击"上传"按钮，打开"请选择文件/文件夹"对话框，选择文件或文件夹（如"学习资料"文件夹），单击"存入百度网盘"按钮，即可将文件或文件夹上传到百度网盘中。

图 2-16　百度网盘主界面

（6）下载文件。选择要下载的文件（如"学习资料"文件夹），单击"下载"按钮，打开"设置下载存储路径"对话框，设置文件下载的路径，单击"下载"按钮，即可下载指定的文件或文件夹。

（7）文件分享。选择要分享的文件或文件夹（如"学习资料"文件夹），单击"分享"按钮，打开"分享文件"对话框，如图 2-17 所示，在"链接分享"选项卡中，选择生成提取码的方式为"系统随机生成提取码"，设置有效期为"30 天"，单击"创建链接"按钮，即可生成分享链接，如图 2-18 所示，可以把分享链接及提取码（或者二维码）复制粘贴给其他用户，从而方便他们下载。

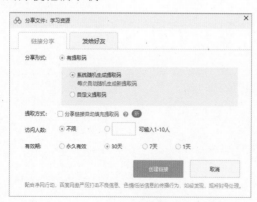

图 2-17　"分享文件"对话框

图 2-18　生成分享链接

（8）下载分享文件。其他用户打开链接，在如图 2-19 所示的界面中输入提取码后，单击"提取文件"按钮，进入如图 2-20 所示界面，选择需要下载的文件或文件夹（如"学习资料"文件夹），单击"下载"按钮，即可下载被分享的文件或文件夹。

图 2-19　输入提取码

图 2-20　下载分享文件

微课：二维码分享

2.5.2　实训 2　二维码分享

生成一个二维码，用于分享中央电视台 2022 年《315 在行动》的视频。

（1）通过"百度"搜索引擎搜索"草料二维码"生成器，打开"草料二维码"生成器网站，如图 2-21 所示。

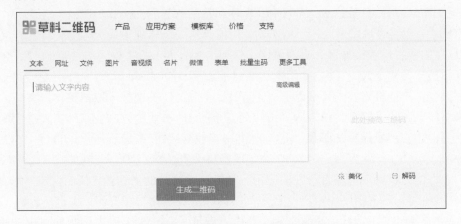

图 2-21　"草料二维码"生成器网站

（2）在"网址"选项卡的文本框中输入要分享的网址，单击"生成二维码"按钮，在该网站右侧显示生成的二维码，如图 2-22 所示。

图 2-22　生成二维码

（3）单击"下载图片"按钮，即可下载该二维码图片，从而可以分享给其他用户。

（4）扫描图 2-22 中的二维码，即可打开相对应的网址，观看相关内容。

在如图 2-21 所示的"文本""文件""图片"等选项卡中，可根据提示生成二维码，实现分享文本、文件、图片等信息。还可以根据需要对二维码进行美化等操作，请读者自行练习操作。

2.6　拓展知识：我国的 5G 网络建设

新型智慧城市加速落地、工业互联网发展持续"升温"、信息消费服务设施不断优化……近年来，以 5G 为代表的新一代信息技术正在加速融入经济社会各领域及各环节，已成为数据资源畅通循环的关键支撑，以及引领产业智能化、绿色化、融合化转型升级的重要引擎。

我国 5G 网络建设持续加速，融合应用深度不断拓展，创新能力不断提升，截至 2023 年10 月末，我国 5G 基站总数达 321.5 万个，占移动基站总数的 28.1%。

从有到优，数字经济发展底座不断夯实。我国已建成全球规模最大、技术领先的 5G 网络，5G 基站已覆盖所有地级市城区、县城城区，每万人拥有 5G 基站数达 22.78 个，超 90% 的 5G 基站实现了共建共享；5G 移动电话用户达 7.54 亿户，比 2022 年年末净增 19360 万户。

从弱到强，产业技术实力不断增强。近年来，我国 5G 关键技术取得整体性突破，已构筑形成涵盖系统、芯片、终端、仪表等环节较为完整的 5G 产业链，产业基础实力持续增强。

从点到面，应用赋能更加彰显。我国"5G ＋工业互联网"项目超过 8000 个，5G 工厂项目达 1800 余个，5G 行业应用已融入 67 个国民经济大类，应用案例数超 9.4 万个。5G 在我国工业、矿业、电力、港口等垂直行业的应用得到广泛复制，助力企业提质、降本、增效。

5G 发展迅猛，5G 应用规模落地，已成为实体经济数字化转型升级的关键驱动力。在 2023中国 5G 发展大会上，工业和信息化部相关负责人表示，我国要持续谋求创新，前瞻布局 5G-A技术研究、标准研制和产品研发，加快推进 5G 轻量化（RedCap）的技术演进和商用部署，持续开展 5G 新技术测试验证，加快推进产业成熟。

相比 5G，5G-A 能够实现十倍网络能力提升，具有万兆速率、确定性体验、全场景物联、通感一体等多项能力。如今,5G-A 正在从标准化步入产业化实施阶段,5G-A 将在"联人、联家、联物、联车、联行业,以及通感一体"这六大场景上持续创新。面向 5G-A 网络演进需求,全球已有 20 多家运营商开始抢滩布局 5G-A。我国三大运营商也正在加快推进 5G-A 商业化落地。

2.7 本章习题

一、单项选择题

1.( )不是人工智能的三要素之一。

A. 数据 B. 算力 C. 通信 D. 算法

2. 无法在一定时间范围内用常规软件工具进行捕捉、管理和处理的数据集合称为( )。

A. 非结构化数据 B. 数据库 C. 异常数据 D. 大数据

3. 大数据时代,使用数据的关键是( )。

A. 数据收集 B. 数据存储 C. 数据可视化 D. 数据再利用

4. 大数据应用需依托的新技术有( )。

A. 大规模存储与计算 B. 数据分析处理

C. 智能化 D. 三个选项都是

5. 以下说法错误的是( )。

A. 大数据技术是人工智能的基础

B. 深度学习从海量数据中分析、判断、学习,其对象就是大数据

C. 人工智能需要强大的计算能力支持,云计算技术开发的初衷是解决这个问题

D. 机器学习就是尝试学习

6. 以下对大数据特性描述错误的是( )。

A. 数据规模大 B. 数据流动速度快

C. 数据多样性 D. 数据价值密度高

7. 以下应用中不需要运用云计算技术的是( )。

A. 播放本地电脑音频 B. 在线实时翻译

C. 搜索引擎 D. 在线文档协同编辑

8. 射频识别技术属于物联网产业链的( )环节。

A. 标识 B. 感知 C. 处理 D. 信息传送

9. 以下不属于物联网相关技术的是( )。

A. 射频识别 RFID 技术 B. 传感技术

C. 多媒体技术 D. 云计算技术

10. 生活中智能手环的应用,体现了( )技术的应用。

A. 网络爬虫 B. 传感器 C. 云计算 D. 统计计算

二、简答题

1. 简述大数据是如何提升人工智能应用的。

2. 什么是物联网?物联网有什么特点?

3. 按照网络结构进行分类,云计算可以分为哪四种?

4. 5G 网络有哪些应用场景?

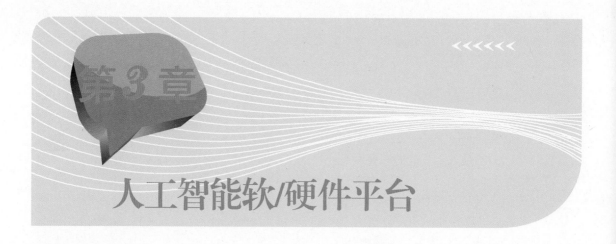

人工智能软/硬件平台

第3章

学习目标

➡ 素养目标

- 通过学习芯片制造工艺，培养学生精益求精的专业精神、职业精神和工匠精神；
- 通过学习智能芯片产业发展状况，激发学生的自主创新、科技报国的家国情怀和使命担当；
- 通过对我国智能芯片相关公司和产品的了解，培养学生的创新创业意识，激发爱国热情。

➡ 知识目标

- 掌握芯片的定义、分类和制造工艺；
- 掌握智能芯片的概念、分类和特点；
- 了解摩尔定律；
- 了解智能芯片产业发展的状况；
- 了解人工智能开发框架及其核心特征；
- 了解国内外人工智能开发框架的发展进程及其优缺点。

➡ 能力目标

- 能够正确认识我国芯片的发展水平、产业现状和国际地位；
- 能够理解人工智能开发框架的作用；
- 能够阐述我国人工智能芯片领域的企业及其特点和优势。

思维导图

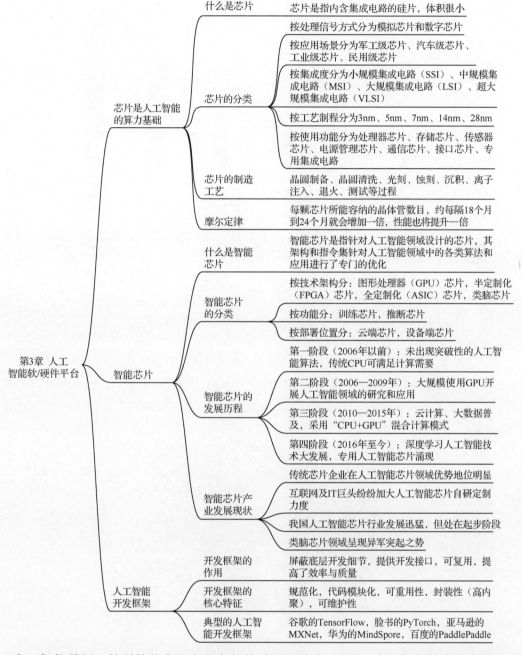

人工智能是新一轮科技革命和产业变革的重要驱动力。当前，人工智能技术已全面渗透到制造、医疗、交通、金融、教育、安防等众多领域。数据、算力、算法是人工智能发展最重要的三大要素。其中，算力主要由人工智能芯片支撑，是承载人工智能核心技术的硬件基础。

根据 IDC 发布的《中国加速计算服务器市场半年度跟踪报告》，预计到 2026 年，中国智能算力规模将进入每秒十万亿亿次浮点计算（ZFLOPS）级别，达到 1271.4 EFLOPS，规模及增速均远高于通用算力，2022—2026 年复合增长率达 47.58%。以此增速测算，到 2028 年，中国智能算力规模将达到 2769 EFLOPS。2023—2028 年中国智能算力规模预测如图 3-1 所示。

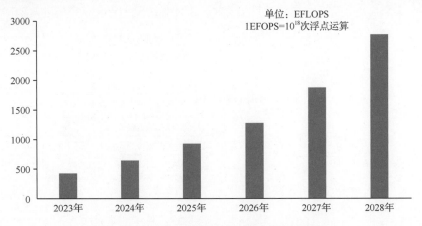

图 3-1   2023—2028 年中国智能算力规模预测

算力资源是数字经济发展的重要基础。随着数字经济的蓬勃发展，未来，智能算力的发展需求将快速扩大，智能芯片将迎来新的发展机遇。

3.1　芯片是人工智能的算力基础

3.1.1　什么是芯片

芯片，又称微电路、微芯片、集成电路，是指内含集成电路的硅片。芯片的体积很小，通常作为计算机或其他电子设备的一部分，如图 3-2 所示。

图 3-2　芯片

晶体管被发明并大量生产之后，各式固态半导体组件，如二极管、晶体管等被大量使用，取代了真空管在电路中的功能与角色。到 20 世纪中后期，半导体制造技术的进步使得集成电路成为可能。相对于手工组装电路使用个别分立电子组件，集成电路可以把很大数量的微晶体管集成到一个芯片中，这是一个巨大的进步。集成电路具有规模生产能力、可靠性，以及集成电路设计的模块化方法等特点，从而推动标准化集成电路代替了离散晶体管。

集成电路对于离散晶体管有两个主要优势：成本和性能。现如今，芯片面积通常为从几平方毫米到几百平方毫米，每平方毫米可以容纳上亿个晶体管。

世界上第一块集成电路是由杰克·基尔比（Jack Kilby）于 1958 年完成的，如图 3-3 所示，该电路包括一个双极性晶体管、三个电阻和一个电容器。杰克·基尔比因此荣获 2000 年诺贝尔物理学奖。

世界上第一块集成电路　　　　　　杰克·基尔比

图 3-3　世界上第一块集成电路及杰克·基尔比

3.1.2　芯片的分类

1. 按照处理信号方式分类

芯片按照处理信号方式可以划分为模拟芯片、数字芯片。

信号分为模拟信号和数字信号，如图 3-4 所示。数字芯片用于处理数字信号，如 CPU、逻辑电路等；模拟芯片用于处理模拟信号，如运算放大器、线性稳压器、基准电压源等。如今，大多数芯片都可以同时处理数字信号和模拟信号。一块芯片到底归属为哪类产品是没有绝对标准的，通常会根据芯片的核心功能来划分。

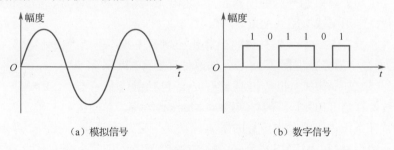

（a）模拟信号　　　　　　　　　　　（b）数字信号

图 3-4　模拟信号和数字信号

2. 按照应用场景分类

芯片按照应用场景可以划分为军工级芯片、汽车级芯片、工业级芯片、民用级芯片。

芯片可以用于军工、汽车、工业、民用（消费）等不同的领域，之所以这样划分是因为这些领域对于芯片性能的要求不一样，如工作温度范围、电路设计、工艺处理和系统成本等，如表 3-1 所示。例如，工业级芯片比民用级芯片的温度范围要更宽；军工级芯片的性能最好，同时价格也最贵。

表 3-1 不同领域对芯片性能的要求

领域	军工领域	汽车领域	工业领域	民用领域
工作温度范围 （单位：℃）	−55~125	−40~125	−40~85	0~70
电路设计	辅助电路和备份电路设计，多级防雷设计，双变压器设计，抗干扰技术，多重短路保护，多重热保护，超高压保护等	多级防雷设计，双变压器设计，抗干扰技术，多重短路保护，多重热保护，超高压保护等	多级防雷设计，双变压器设计，抗干扰技术，短路保护，热保护，超高压保护等	防雷设计，短路保护，热保护等
工艺处理	耐冲击，耐高低温，耐霉菌	增强封装设计和散热处理	防水、防潮、防腐、防霉变处理	防水处理
系统成本	造价非常高，维护费用也高	积木式结构，每个电路均带有自检功能并增强了散热处理，造价较高，维护费用也较高	积木式结构，每个电路均带有自检功能，造价稍高，但维护费用低	线路板一体化设计，价格低廉但维护费用较高

3. 按照集成度分类

芯片按照集成度可以划分为小规模集成电路（SSI）、中规模集成电路（MSI）、大规模集成电路（LSI）、超大规模集成电路（VLSI）。

评判集成度的依据是芯片上集成的元器件个数。目前，智能手机里的芯片基本都是超大规模集成电路，芯片里集合了数以亿计的元器件。这属于早期表述芯片集成度的方式，在随后的发展过程中，通常以特征线宽（设计基准）的尺寸来表述芯片集成度，如微米、纳米。

4. 按照工艺制程分类

芯片按照工艺制程可以划分为 3nm、5nm、7nm、14nm、28nm 等。

这里的 nm（$1nm=10^{-9}m$）是长度单位，是指 CMOS 器件的栅长，也可以理解为最小布线宽度或最小加工尺寸。

5. 按照使用功能分类

芯片按照使用功能可以划分为处理器芯片、存储芯片、传感器芯片、电源管理芯片、通信芯片、接口芯片、专用集成电路（ASIC）等。

处理器芯片主要在系统中承担具体的计算和控制等任务，包括中央处理器（CPU）、图形处理器（GPU）、数字信号处理器（DSP）、加速处理器（APU）等。

存储芯片主要在系统中承担数据存储任务，包括静态储存器（SRAM）、动态储存器（DRAM）、只读储存器（ROM）、闪存（Flash Memory）等。

传感器芯片在系统中主要承担信息的采集、呈现与交互等任务，包括 COMS 图像传感器（CIS）芯片、微机电系统（MEMS）芯片、触摸/触控（Touch）芯片等。

电源管理芯片在系统中主要承担电源的管理任务，包括低压差线性稳压器（LDO）、DC/AC 转换器、电池管理芯片、驱动芯片、开关电源控制芯片等。

通信芯片（有线、无线）在系统中主要承担通信功能，包括以太网类芯片、交换类芯片、蓝牙（Blue Tooth）芯片、无线（Wi-Fi）芯片、窄带物联网（NB-IoT）芯片等。

接口芯片用于传递信息和数据，包括通用串行总线接口（USB）芯片、高清多媒体接口（HDMI）芯片等。

专用集成电路（ASIC）是为特殊目的而设计的集成电路，是应特定用户要求和特定电子系统的需要而设计、制造的芯片，也称全定制芯片。例如，二代身份证里的芯片，一个证件对应一个人。目前，随着人工智能技术的发展应用，该领域芯片逐步得到更广泛的应用。

3.1.3 芯片的制造工艺

芯片的制造工艺需要经过多个步骤，主要包括晶圆制备、晶圆清洗、光刻、蚀刻、沉积、离子注入、退火、测试等过程。

（1）晶圆制备：通常，首先使用高纯度的硅材料制作晶圆，然后对其进行切割和抛光等工艺处理，制备成具有一定厚度和平整度的硅片。

（2）晶圆清洗：对晶圆进行化学清洗和去除表面污染物的处理。

（3）光刻：利用光刻机，将芯片上的电路图形投影到光刻胶层上，形成图形模板。

（4）蚀刻：使用蚀刻机，将光刻胶层中未被遮住的部分进行蚀刻，形成电路线路。

（5）沉积：使用化学气相沉积设备，将金属等材料沉积在芯片表面，形成电路元件。

（6）离子注入：使用离子注入机，将作为掺杂的离子注入硅片中，成为 PN 结，以形成晶体管等元器件。

（7）退火：对芯片进行高温退火处理，使晶圆中的杂质分布均匀，以提高芯片的电性能。

（8）测试：检测芯片的性能和可靠性，查找缺陷和故障，以保证芯片的质量。

3.1.4 摩尔定律

1965 年，英特尔公司创始人之一戈登·摩尔（Gordon Moore，见图 3-5）在绘制一份发展报告的图表时发现：每一颗芯片所能容纳的晶体管数目，约每隔 18～24 个月就会增加一倍，性能也将提升一倍。这就是业内非常著名的"摩尔定律"，其预言了芯片的规模和性能的发展趋势。

1971 年，英特尔公司开发出第一代微处理器，该处理器集成了 2300 个晶体管。2007 年，45nm 的处理器已经可以集成 8 亿多个晶体管。现如今，麒麟 9000 处理器采用的是 5nm 工艺制程，集成了 153 亿个晶体管。在过往的 50 多年中，芯片行业一直在遵循着"摩尔定律"发展。

图 3-5　戈登·摩尔

工艺制程不可能无限缩小，现在，芯片工艺已经逼近"极限"，近几年，芯片的发展速度也已经放缓。随着技术发展，芯片的发展历程也定然会遇到瓶颈。

3.2 智能芯片

3.2.1 什么是智能芯片

1. 智能芯片的概念

从广义上讲，只要能够运行人工智能算法的芯片都可以称为智能芯片（AI 芯片）。但是，通常意义上的智能芯片指的是，针对人工智能领域设计的芯片，其架构和指令集针对人工智能领域中的各类算法和应用进行了专门的优化，从而可以高效地支持视觉、语音、自然语言处理和传统机器学习等智能处理任务。因此，智能芯片也称人工智能加速器（AI 加速器）或计算卡。

2. 智能芯片与传统芯片的区别

传统的中央处理器芯片（CPU）不适合执行人工智能算法。传统 CPU 计算指令遵循串行执行的方式，背负着指令调度、指令寄存、指令翻译、编码、运算核心和缓存等与人工智能算法无关的任务，运算能力受限。

图形处理器芯片（Graphics Processing Unit，GPU）在传统 CPU 的基础上做了简化，因此可以处理的数据类型单一，但是由于 CPU 加入了更多的浮点运算单元，因此更加适合大量算术计算而逻辑运算较少的场合。在进行 AI 运算时，GPU 在性能、功耗等很多方面远远优于CPU，所以才经常被拿来"兼职"进行 AI 运算，但 GPU 的功耗较大，且成本昂贵。CPU 和GPU 如图 3-6 所示。

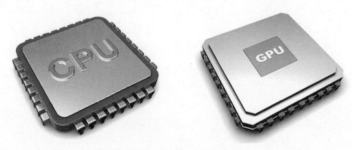

图 3-6　CPU 和 GPU

智能芯片的设计思想从算法的角度精简 GPU 架构，为其加入更多的运算单元，在应用场景和算法相对确定的基础上，使硬件更加专业化。因此，传统芯片和智能芯片最大的不同是，前者是为通用功能设计的架构，后者是为专用功能优化的架构。这一区别决定了即便是最高效的 GPU，与智能芯片相比，在时延、性能、功耗、能效比等方面也是有差距的，因而研发智能芯片是人工智能发展的必然趋势。

3.2.2　智能芯片的分类

智能芯片通常有按技术架构分类、按功能分类、按部署位置分类三种不同的分类方式，如图 3-7 所示。

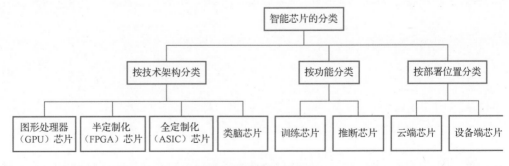

图 3-7　智能芯片的分类

1. 按技术架构分类

智能芯片按照技术架构，可以划分为图形处理器芯片、半定制化芯片、全定制化芯片和类脑芯片。

（1）图形处理器（GPU）芯片。GPU 是相对较早期的加速计算处理器，具有速度快、通用性强等特点。传统 CPU 的计算指令遵循串行执行方式，不能发挥芯片的全部潜力，而 GPU 具有高并行结构，在处理图形数据和复杂算法方面拥有比 CPU 更高的效率。在结构上，CPU 主要由控制器（Control）、算术逻辑单元（Arithmetic Logic Unit，ALU）、高速缓存（Cache）等组成，而 GPU 则拥有更多 ALU 用于数据处理，这样的结构更适合对密集型数据进行并行处理，程序在 GPU 系统上的运行速度相较于单核 CPU 可以提升几十倍乃至上千倍。同时，GPU 拥有更加强大的浮点运算能力，可以缓解深度学习算法的训练难题，释放人工智能的潜能。但是 GPU 也有一定的局限性。深度学习算法分为训练和推断（推理）两部分，GPU 平台在算法训练上非常高效，但在推断中对单项输入进行处理时，并行计算的优势并不能完全发挥出来。CPU 与 GPU 的微架构对比如图 3-8 所示。

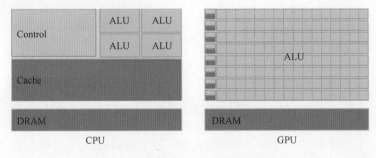

图 3-8　CPU 与 GPU 的微架构对比

英伟达公司（NVIDIA）和 AMD 公司在 GPU 领域处于领先位置，我国的长沙景嘉微公司是国内唯一拥有自主知识产权和成熟产品的 GPU 芯片制造公司。

（2）半定制化芯片，即现场可编程门阵列（Field Programmable Gate Array，FPGA）芯片，其内部包括逻辑块、输入/输出块、可编程内部连线等，如图 3-9 所示。FPGA 通过编程可以把计算逻辑映射到硬件上，通过编程调整内部连线，把不同的逻辑块和输入/输出块连通在一起去完成计算任务。

FPGA 允许多次编程，具有可编程、高性能和低功耗三大特性。FPGA 的开发成本低但芯片成本高。CPU、GPU 等常用计算芯片由于架构固定，因此硬件支持的指令也是固定的。而 FPGA 是可编程的，因此可以灵活地针对算法修改电路，提前把固定算法的数据流及执行指令写在硬件里，节约了指令获取和解码时间，从而大幅提高了运算效率。在逻辑层面上，FPGA 不依赖于冯·诺依曼体系架构，计算得到的结果可以被直接馈送到下一个 FPGA，无须在主存储器临时保存，因此不仅存储器带宽需求比使用 CPU 或 GPU 实现时低得多，而且还具有流水处理和响应迅速的特点。

FPGA 非常适合在芯片功能尚未完全定型、算法仍需不断迭代完善的情况下使用。使用 FPGA 芯片时需要通过定义硬件去实现软件算法，对使用者的技术水平要求较高，因此在设计并实现复杂的人工智能算法方面难度较高。赛灵思公司和英特尔公司在 FPGA 领域具有较大的优势。

（3）全定制化芯片，即专用集成电路（Application Specific Integrated Circuits，ASIC）芯片，是一种根据特殊应用场景要求进行全定制化的专用人工智能芯片。与 FPGA 相比，ASIC 无法通过修改电路进行功能扩展；而与 CPU、GPU 等通用计算芯片相比，ASIC 性能高、功耗低、成本低，适合应用于对性能功耗比要求极高的移动设备端。谷歌公司发布的张量处理器（Tensor Processing Unit，TPU）是专为机器学习定制的，也是当前最知名、最有实用价值的 ASIC，如图 3-10 所示。

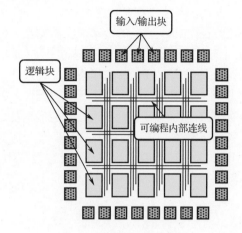

图 3-9　FPGA 架构示意图　　　　图 3-10　谷歌公司的张量处理器（TPU）

（4）类脑芯片。类脑芯片是一种对人脑的神经网络结构进行物理模拟的新型芯片架构，通过模拟人脑的神经网络工作机理，实现感知和认知等功能。真正的人工智能芯片未来发展的方向就是类脑芯片。IBM 公司研发的 TrueNorth 芯片是一款典型的类脑芯片（见图 3-11），其计算架构颠覆了经典的冯·诺依曼体系架构。TrueNorth 芯片的计算架构模仿生物大脑神经网络，采用神经形态器件构建，如图 3-12 所示，主要由神经元、突触及网络互联而成。

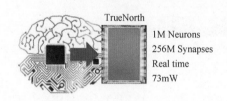

图 3-11　IBM 公司研发的 TrueNorth 芯片

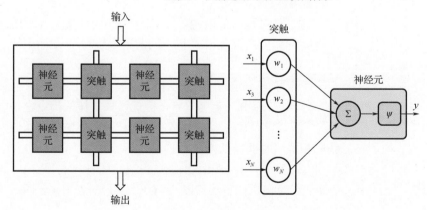

图 3-12　类脑计算架构

类脑芯片把定制化的数字处理内核当作神经元，把内存当作突触，将 CPU、内存及通信元件等完全集成在本地，实现了算存一体，突破了冯·诺依曼架构中 CPU 与内存之间的"内存墙"瓶颈，但目前多数仍是实验室产品。

不同技术架构的智能芯片对比如表 3-2 所示。

表 3-2 不同技术架构的智能芯片对比

对比内容	GPU	FPGA	ASIC	类脑芯片
定制化程度	通用型	半定制化	全定制化	定制化
开发难度	较易	中等	较高	很高
开发工具	OpenCL、CUDA	OpenCL、Verilog/VHDL	EDA 工具	EDA 工具
开发周期	几个月	半年到一年	一年以上	一年以上
应用场景	神经网络训练、推断、数据中心	神经网络推断、数据中心	神经网络推断、数据中心、嵌入式/边缘计算	尚处于研究阶段
优点	高性能、开发简单、框架成熟、成本最低	高性能、灵活性相对较强、成本较低	高性能、低功耗、体积小、可用于移动场景	目前表现出的智能程度最高、功耗低
缺点	高功耗、仅适用于数据中心	峰值效率较低、有一定的开发难度	开发难度较高、成本较高、技术风险大	目前无成熟算法，处于研究阶段

2. 按功能分类

智能芯片根据功能任务，可以划分为训练（Training）芯片和推断（Inference）芯片。

（1）训练芯片。训练是指向人工智能算法模型中输入大量已标注好的数据和素材，以进行"学习"，并对模型的参数不断进行优化调整，最终形成一个具备某种特定功能、结果最优的神经网络算法模型。人工智能训练芯片是指专门对人工智能训练算法进行优化加速的芯片。由于训练所需的数据量巨大、算法复杂度高，因此，训练芯片对算力、能效、精度等要求非常高，而且还需要具备较高的通用性，以支持已有的多种算法，甚至还要考虑未来算法的训练。由于对算力有着极高要求，训练芯片一般更适合部署在大型云端设施中，而且多采用"CPU+GPU""CPU+GPU+加速芯片"等异构模式，加速芯片可以是 GPU、FPGA 或 ASIC 专用芯片等。目前，人工智能训练芯片的市场主要被英伟达的 GPU 和谷歌的 TPU 所占据，英特尔和 AMD 正在积极抢占该市场。

（2）推断芯片。推断是指向已经训练好的人工智能算法模型中输入新的数据和素材，经过计算后获得符合人们预期的相应的输出。人工智能推断芯片是指专门对人工智能推断算法进行优化加速的芯片，其更加关注能耗、算力、时延、成本等综合因素。推断芯片可以部署在云端和边缘端，实现难度和市场门槛相对较低，因此，这一领域的市场竞争者较多。在云端推断芯片领域，英伟达、谷歌、AMD、赛灵思等传统芯片厂商是主要的领导者，我国的寒武纪、燧原科技、比特大陆等厂商也推出了性能较高、市场反响不错的自主研发的芯片。在终端推断芯片领域，应用场景丰富，市场集中度不高，产品有一定的多样性，英伟达、英特尔、高通、ARM 等传统芯片大厂在该领域布局较早，我国的寒武纪、地平线、阿里平头哥、云天励飞等新兴企业在垂直行业也有不俗表现。

3. 按部署位置分类

智能芯片按照部署位置，可以划分为云端芯片和设备端芯片。

（1）云端芯片。这类芯片运算能力强大、功耗较高，一般部署在公有云、私有云、混合云，以及数据中心、超级计算机（超算）等计算基础设施领域，主要用于神经网络模型的深度训练和推断，可以处理语音、视频、图像等海量数据，支持大规模并行计算，通常以加速卡的形式集成多个芯片模块，并行完成相关计算任务。

（2）设备端芯片。这类芯片一般功耗低、体积小、性能要求不高、成本也较低，相比于云端芯片，设备端芯片不需要运行特别复杂的算法，只需具备少量的人工智能计算能力即可，一般部署在智能手机、无人机、摄像头、边缘计算设备、工控设备等移动设备或嵌入式设备上。

3.2.3 智能芯片的发展历程

智能芯片的发展历程可划分为四个阶段。

第一阶段（2006 年以前）：在这一阶段，尚未出现突破性的人工智能算法，并且能够获取的数据也较为有限。传统通用 CPU 已经能够完全满足当时的计算需要，学术界和产业界均对人工智能芯片没有特殊需求。因此，人工智能芯片产业的发展在此阶段一直较为缓慢。

第二阶段（2006—2009 年）：在这一阶段，游戏、高清视频等行业快速发展，同时也助推了 GPU 产品的迭代升级。2006 年，GPU 厂商英伟达发布了统一计算设备架构（Compute Unified Device Architecture，CUDA），第一次使 GPU 具备了可编程性，同时使 GPU 的核心流式处理器既具有处理像素、顶点、图形等渲染能力，又具备通用的单精度浮点处理能力，即令 GPU 既能做游戏和渲染，也能做并行度很高的通用计算，英伟达将其称为 GPGPU（General Purpose GPU）。统一计算设备架构推出后，GPU 编程更加易用便捷。研究人员发现，GPU 所具有的并行计算特性比通用 CPU 的计算效率更高，更加适用于深度学习等人工智能先进算法所需的"暴力计算"场景。在 GPU 的助力下，人工智能算法的运算效率可以提高几十倍，由此，研究人员开始大规模使用 GPU 开展人工智能领域的研究和应用。

第三阶段（2010—2015 年）：2010 年之后，以云计算、大数据等为代表的新一代信息技术高速发展并逐渐开始普及，云端采用"CPU+GPU"混合计算模式，使得研究人员开展人工智能所需的大规模计算更加便捷高效，进一步推动了人工智能算法的演进和人工智能芯片的广泛使用，同时也促进了各种类型的人工智能芯片的研究与应用。

第四阶段（2016 年至今）：2016 年，采用 TPU 架构的谷歌旗下的 DeepMind 公司研发的人工智能系统 AlphaGo 击败了世界冠军韩国棋手李世石，使得以深度学习为核心的人工智能技术得到了全球范围内的极大关注。此后，业界对于人工智能算力的要求越来越高，而 GPU 价格昂贵、功耗高的缺点也使其在场景各异的应用环境中受到诸多限制，因此，研究人员开始研发专门针对人工智能算法进行优化的定制化芯片。在这一阶段，大量人工智能芯片领域的初创公司涌现，传统互联网巨头也迅速入局该领域并开始争夺市场，专用人工智能芯片呈现出百花齐放的格局，在计算能力、能耗比等方面都有了极大的提升。

3.2.4 智能芯片产业发展现状

1. 传统芯片企业在人工智能芯片领域优势地位明显

英伟达、英特尔、AMD、高通等传统芯片厂商凭借其在芯片领域多年的领先地位，迅速切入人工智能领域，积极布局，目前处于引领产业发展的地位，在 GPU 和 FPGA 方面基本处于垄断地位。不同技术架构的智能芯片对比如表 3-3 所示。

表 3-3　不同技术架构的智能芯片对比

公　司	典型智能芯片	发 布 年 份	技 术 架 构	功 能 任 务
英伟达	Tesla V100	2017	GPU	云端训练、云端推断
	Tesla A100	2020	GPU	云端训练、云端推断

公 司	典型智能芯片	发布年份	技术架构	功 能 任 务
英特尔	Nervana NNP-T	2019	NNP-T1000	云端训练
	Nervana NNP-I	2019	NNP-I1000	云端推断
IBM	TrueNorth	2014	类脑芯片	设备端推断
谷歌	TPUv4	2020	ASIC	云端训练、云端推断
	Edge TPU	2018	ASIC	设备端推断
苹果	A17	2023	ARM 架构 SoC	设备端推断
AMD	EPYC4	2022	Zen4 架构	云端推断
ARM	ARM Cortex-M55	2020	ARM Helium	设备端推断
	ARM Ethos-U55	2020	micro NPU	设备端推断
高通	骁龙 8 Gen2	2022	ARM 架构 SoC	设备端推断
	Cloud AI 100	2020	ASIC	云端推断
三星	Exynos 2200	2022	ARM 架构 SoC	设备端推断
赛灵思	Versal ACAP	2019	SoC	云端推断

英伟达推出了 Tesla 系列 GPU 芯片（见图 3-13），专门用于深度学习算法加速；同时，英伟达还推出了 Tegra 处理器（见图 3-14），应用于自动驾驶领域，并提供配套的研发工具包。AMD 于 2018 年推出了 Radeon Instinct 系列 GPU，主要应用在数据中心、超算等人工智能算力基础设施上，用于深度学习算法加速。当前，GPU 作为业界使用得最为广泛、人工智能计算最成熟的通用型芯片，已成为数据中心、超算等大型算力设施的首选，占据了人工智能芯片的主要市场份额。可以预测，在效率和场景应用要求大幅提升和变化之前，GPU 仍是人工智能芯片领域的主要领导者。

图 3-13 Tesla 系列 GPU 芯片

图 3-14 Tegra 处理器

2. 互联网及 IT 巨头纷纷加大人工智能芯片自主研发定制力度

2015 年以来，谷歌、IBM、脸书（Facebook）、微软、苹果、亚马逊等国际互联网界及 IT 界巨头纷纷跨界研发人工智能芯片，力图突破算力瓶颈，并把核心部件掌握在自己手中。例如，谷歌公司于 2016 年发布了专门针对开源框架 TensorFlow 开发的芯片 TPU，并帮助 AlphaGo 击败李世石。近几年，谷歌公司还推出了可以在 Google Cloud Platform 中使用的云端芯片 Cloud TPU（见图 3-15），以及设备端推断芯片 Edge TPU（见图 3-16），以打造闭环生态。

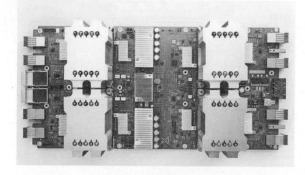

图 3-15　云端芯片 Cloud TPU

图 3-16　设备端推断芯片 Edge TPU

微软公司于 2017 年发布了基于 FPGA 芯片组建的 Project Brainwave 低时延深度学习系统（其硬件模型见图 3-17），以使微软公司的各种服务更迅速地支持人工智能功能。2018 年，亚马逊公司发布了高性能推断芯片 AWS Inferentia（见图 3-18），该芯片可以支持 TensorFlow、Caffe2 等主流框架。

图 3-17　Project Brainwave 硬件模型

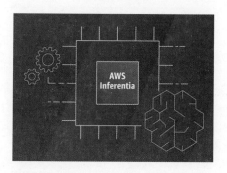

图 3-18　高性能推断芯片 AWS Inferentia

3. 我国人工智能芯片行业发展迅猛，但仍处在起步阶段

目前，在 CPU、GPU 等高端通用芯片领域，我国的设计能力与国外先进水平仍然差距较大，自主研发能力较弱，部分自主研发芯片采用 ARM 架构等国外成熟芯片架构和 IP 核等进行设计。随着人工智能技术大规模应用于金融、政务、自动驾驶、智能家居、安防等领域，促进了各类专用人工智能芯片的发展。我国的一些初创型企业，如寒武纪、地平线、云天励飞等已经开始在人工智能芯片领域有所建树。我国开发的部分人工智能芯片如图 3-19 所示。

（a）寒武纪 MLU100 芯片

（b）地平线征程 5 芯片

（c）云天励飞 DeepEye1000 芯片

图 3-19　我国开发的部分人工智能芯片

我国人工智能芯片企业基本围绕设备端的语音或视觉芯片进行开发，从事云端芯片研发，尤其是云端训练芯片的企业较少，仅华为、百度等公司有产品推出（见图 3-20），我国云端芯片

与国外技术水平差距仍然较大。此外，我国尚未形成有影响力的"芯片—算法—平台—应用—生态"的产业生态环境，企业多热衷于追逐市场热点，缺乏基础技术积累，研发后劲不足。

（a）华为昇腾 910 芯片

（b）百度昆仑芯片

图 3-20　我国华为、百度的云端芯片

4. 类脑芯片领域呈现异军突起之势

IBM 公司率先在类脑芯片领域取得突破，于 2014 年推出了 TrueNorth 类脑芯片，该芯片采用 28nm 工艺，集成了 54 亿个晶体管，包括 4096 个内核、100 万个神经元和 2.56 亿个神经突触。2019 年，清华大学发布了其自主研发的类脑芯片"天机芯"，该芯片使用 28nm 工艺，包含约 40000 个神经元和 1000 万个突触，支持同时运行卷积神经网络、循环神经网络及神经模态脉冲神经网络等多种神经网络，是全球首款既能支持脉冲神经网络，又可以支持人工神经网络的异构融合类脑计算芯片。清华大学自主研发的"天机芯"还登上了 *Nature* 的封面，如图 3-21 所示。

图 3-21　清华大学自主研发的"天机芯"登上了 *Nature* 封面

上海西井科技公司发布的 DeepSouth 芯片（见图 3-22），采用 FPGA 模拟神经元实现脉冲神经网络的工作方式，其包含约 5000 万个神经元和高达 50 多亿个神经突触，可以直接在芯片上完成计算，并在"无网络"情况下使用。在处理相同计算任务时，DeepSouth 芯片的功耗仅为传统芯片的几十至几百分之一。浙江大学与杭州电子科技大学共同研发了"达尔文"芯片（见

图 3-23），该芯片集成了 500 万个晶体管，包含 2048 个硅材质的仿生神经元和约 400 万个神经突触，可从外界接收及累积刺激，从而产生脉冲信号，并处理和传递信息。

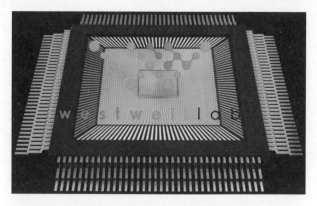

图 3-22　上海西井科技公司发布的 DeepSouth 芯片

图 3-23　浙江大学与杭州电子科技大学共同研发的"达尔文"芯片

3.3　人工智能开发框架

随着计算机技术的发展和应用范围的不断延伸，作为计算机灵魂的软件系统的规模也在不断扩大，并且其结构越来越复杂、代码越来越冗长，几万、几十万甚至几百万行代码的软件系统比比皆是。为了解决这些问题，系统开发者在软件开发过程中，将基础代码进行封装，以形成模块化的代码，并提供相应的应用程序编程接口（Application Programming Interface，API），其他开发者在软件开发过程中直接调用 API，不必再考虑太多底层功能操作，并可以在此基础上进行后续的软件开发设计。这种在软件开发中对通用功能进行封装并且可重用的设计就是开发框架。

3.3.1　开发框架的作用

开发框架在软件开发的过程中起着不可或缺的作用。开发框架能够屏蔽底层烦琐的开发细节，为开发者提供简单的开发接口，在软件开发时只需调用开发框架就可以实现一定的功能。由于开发框架具有可复用特点，利用开发框架实现软件开发时，不仅编程过程容易，而且软件的可读性好，极大地降低了软件开发的复杂度，提高了开发效率与软件质量。

人工智能软件比传统的计算机软件更加复杂，但更具智能性。人工智能的智能化主要依靠算法来实现。由于人工智能算法具有复杂性，因此在构建开放框架之前，只有具有专业知识的人才才能具备开发人工智能软件的能力，一般的软件开发人员进行人工智能软件开发是一件望尘莫及的事。开发框架的出现，为人工智能开发提供了智能单元，实现了对人工智能算法的封装、数据的调用及计算资源的调度，提升了开发效率，极大地降低了人工智能系统开发的复杂性。

3.3.2 开发框架的核心特征

利用恰当的开发框架来快速构建模型时，无须编写数百行代码。一个良好的人工智能开发框架应该具有良好的性能，易于开发人员理解和使用，并且可以减少计算过程，提高人工智能软件的开发效率。人工智能开发框架的核心特征有如下几点。

（1）规范化。一个良好的开发框架应严格执行代码开发规范要求，便于使用者理解与掌握。

（2）代码模块化。开发框架一般都具有统一的代码风格，同一分层的不同类代码，具有相类似的模板化结构，可以使用模板工具统一生成，从而减少大量重复代码的编写。

（3）可重用性。无须对开发框架进行修改或改动，就可以在不同环境下重复使用。

（4）封装性（高内聚）。开发人员将各种需要的功能代码进行集成，调用时不需要考虑功能的实现细节，只需要关注功能的实现结果。

（5）可维护性。对一个成熟的开发框架进行二次开发或维护时，添加、修改或删除某个功能不会对整体框架产生不利影响。

3.3.3 典型的人工智能开发框架

使用人工智能开发框架能够降低人工智能系统开发的复杂性。人工智能开发人员对人工智能开发框架的依赖程度非常高，人工智能开发框架在人工智能行业处于核心地位。几乎所有人工智能项目，都是建立在一个或多个开源框架之上的，如 TensorFlow、PyTorch、MXNet、MindSpore、PaddlePaddle 等。

1. TensorFlow

TensorFlow 是由 Google Brain 团队开发的一款开源的机器学习开发框架，是目前广泛应用于各种深度学习领域的重要工具之一。此开发框架可以在任何 CPU、GPU、TPU，以及任何桌面或边缘设备上进行计算。TensorFlow 由张量（Tensor）和流（Flow）组成：Tensor 代表 N 维数组；Flow 代表基于数据流图的计算。TensorFlow 指的是张量从数据流图的一端流动到另一端的计算过程。

TensorFlow 可以处理各种不同类型的数据，如图像、语音、文本等，具有很高的灵活性和可扩展性。TensorFlow 使用基于数据流图的计算模型来构建机器学习模型，用户可以通过在数据流图上定义操作和变量来搭建自己的神经网络模型。同时，TensorFlow 提供了大量的优化器、损失函数、数据处理等工具，使用户可以方便地进行模型训练和优化。

TensorFlow 框架具有如下优点。

（1）具有广泛的应用领域，可以应用于自然语言处理、图像识别、语音识别等多个领域。

（2）拥有丰富的文档和大量的教程，开发者易于上手。

（3）可以灵活地运行在多种硬件平台上，包括 CPU、GPU 和 TPU 等。

（4）提供了高层次的 API，开发者可以快速地构建、训练和部署深度学习模型。

TensorFlow 框架具有如下缺点。

（1）学习曲线较为陡峭，需要花费较长时间学习。

（2）部分功能需要使用较为复杂的 API 实现，需要较高的技能水平。

（3）在执行某些任务方面，其性能不如其他深度学习框架，如 PyTorch。

（4）有时，会因版本更新等原因导致代码不兼容。

2. PyTorch

PyTorch 是由脸书公司（Facebook）开发的一款开源深度学习框架，它提供了一种灵活的用于构建和训练神经网络的方法。PyTorch 支持多种编程语言，如 Python、C++和 Java，可以在多种硬件平台上运行，如 CPU、GPU 和 TPU，可以支持大规模的数据集、自动微调、多种深度学习模型，可以提供高效的计算性能。

PyTorch 框架具有如下优点。

（1）灵活性高。PyTorch 的动态图机制使得模型构建非常灵活，可以轻松地进行调试和迭代。

（2）易于使用。PyTorch 的 API 设计非常直观，易于上手和使用。

（3）优秀的性能。PyTorch 的计算图构建方式使得它可以高效地进行计算，尤其是在 GPU 上。

（4）强大的社区支持。由于 PyTorch 被广泛使用，因此有一个庞大而活跃的社区。该社区内提供了大量的文档、教程和示例代码。

PyTorch 框架具有如下缺点。

（1）不够稳定。由于使用动态图机制，PyTorch 在训练大型模型时可能会因为内存不足而崩溃，导致需要进行更多的手动内存管理。

（2）部署相对困难。相对于 TensorFlow，PyTorch 的部署相对困难，这主要是因为 PyTorch 缺乏与 TensorFlow 相似的生产级别工具链和部署方式。

3. MXNet

MXNet 是一款基于神经网络的深度学习框架，由亚马逊公司创建并开源。MXNet 支持多种深度学习模型的训练，包括卷积神经网络（CNN）、循环神经网络（RNN）和生成对抗网络（GAN）等。MXNet 拥有多种高级特性，如自动混合精度、模型并行等。

MXNet 框架具有如下优点。

（1）自动混合精度训练。MXNet 可以自动选择使用 FP32，或者混合精度 FP16 进行训练，以提高训练速度并减少内存的使用。

（2）动态计算图。MXNet 的计算图是动态的，这使得 MXNet 能够处理变长序列的输入。

（3）高效的计算性能。MXNet 通过 MXNet 库的多语言支持，使用 CUDA、OpenMP 和 MKL 等高效计算库进行计算。

MXNet 框架具有如下缺点。

（1）前沿功能不够发达。MXNet 的前沿功能可能不如 TensorFlow 和 PyTorch 发达，因此一些最新的技术和模型可能无法在 MXNet 上使用。

（2）模型性能较弱。在某些特定的任务上，MXNet 的性能可能比 TensorFlow 和 PyTorch 差，但是这种情况很少出现。

4. MindSpore

MindSpore 是华为公司推出的一款开源 AI 计算框架，在国产框架中认知度名列第一。

MindSpore 具备全方位能力,既能提供特定的能力(如开发大模型,进行科学计算),又能实现全生命周期的开发(端到端开发,从训练到部署)。MindSpore 是一款全场景深度学习框架,旨在实现易开发、高效执行、全场景部署三大目标。其中,易开发表现为 API 友好、调试难度低(开发态);高效执行包括计算效率、数据预处理效率和分布式训练效率(运行态);全场景是指框架同时支持云、边缘及端侧场景。

MindSpore 的总体架构如图 3-24 所示。

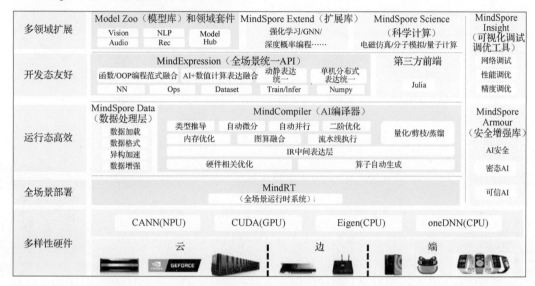

图 3-24　MindSpore 的总体架构

MindSpore 的总体架构具体说明如下。

(1)Model Zoo(模型库):提供可用的深度学习算法网络。

(2)MindSpore Extend(扩展库):MindSpore 的领域扩展库,支持拓展新领域场景,如强化学习、GNN、深度概率编程等。

(3)MindSpore Science(科学计算):基于 MindSpore 架构打造的科学计算行业套件,如电磁仿真、分子模拟、量子计算等,可以加速科学行业应用开发。

(4)MindExpression(全场景统一 API):基于 Python 的前端表达与编程接口,支持两个融合(函数/OOP 编程范式融合、AI+数值计算表达融合)及两个统一(动静表达统一、单机分布式表达统一)。

(5)第三方前端:支持第三方多语言前端表达,未来计划陆续提供 C/C++、Java 等第三方前端的对接工作。同时,内部也在与 Julia 等第三方前端开展对接工作,引入更多的第三方生态。

(6)MindSpore Data(数据处理层):提供高效的数据处理、常用数据集加载等功能和编程接口。

(7)MindCompiler(AI 编译器):图层的核心编译器,主要基于云端统一的 MindIR(中间表达层)实现三大功能,包括硬件无关的优化(类型推导、自动微分等)、硬件相关优化(自动并行、二阶优化、内存优化、图算融合、流水线执行等)、部署推理相关的优化(量化、剪枝、蒸馏等)。

(8)MindRT(全场景运行时系统):MindSpore 的运行时系统,包含云侧运行时系统、端侧及更小 IoT 的轻量化运行时系统。

（9）MindSpore Insight（可视化调试调优工具）：MindSpore 的可视化调试调优工具，能够可视化地查看网络调试、性能调优、精度调优等。

（10）MindSpore Armour（安全增强库）：面向企业级运用时，提供安全与隐私保护相关增强功能，如对抗鲁棒性、模型安全测试、差分隐私训练、隐私泄露风险评估、数据漂移检测等。

MindSpore 框架具有如下优点。

（1）易于使用。MindSpore 提供了丰富的 API 和内置算法，用户可以快速上手，并进行模型训练和推理。

（2）支持多种硬件。MindSpore 支持多种硬件加速器，包括华为自主研发的昇腾 AI 加速器，可以在不同的硬件平台上运行模型，从而提高模型的效率和性能。

（3）强大的分布式训练支持。MindSpore 可以实现分布式模型训练，支持多种分布式训练策略和参数服务器，从而提高训练速度和效率。

MindSpore 框架具有如下缺点。

（1）生态相对较小。与 TensorFlow 和 PyTorch 相比，MindSpore 的生态相对较小，社区支持和第三方库相对较少。

（2）文档相对不足。MindSpore 的文档相对不足，对于初学者来说，在使用时可能会有一些困难。

5. PaddlePaddle

PaddlePaddle（飞桨）以百度多年的深度学习技术研究和业务应用为基础，是中国首款自主研发、功能完备、开源开放的产业级深度学习平台，集深度学习核心训练和推理框架、基础模型库、端到端开发套件和丰富的工具组件于一体，如图 3-25 所示。

微课：百度飞桨深度学习平台

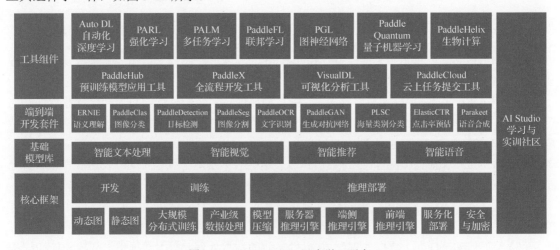

图 3-25　PaddlePaddle 深度学习平台

PaddlePaddle 平台具有如下优点。

（1）分布式训练。PaddlePaddle 支持数据并行和模型并行两种分布式训练模式，可加速模型训练。

（2）动态图模式。PaddlePaddle 支持静态图和动态图两种模式，动态图模式使得模型开发和调试更加灵活和高效。

（3）高效的模型推理。PaddlePaddle 提供了高效的模型推理引擎，支持多种硬件平台上的高速推理，包括 CPU、GPU 和 FPGA 等。

（4）强大的工具集。PaddlePaddle 提供了一系列丰富的工具集，包括自动化数据处理、高效的数据增强、高可视化的模型训练过程及高效的模型转换工具等。

PaddlePaddle 平台具有如下缺点。

（1）算子库较少。PaddlePaddle 的算子库相对于 TensorFlow 和 PyTorch 等框架来说较少，不支持一些新型的算子实现。

（2）API 相对复杂。PaddlePaddle 的 API 较为复杂，学习曲线相对较陡峭，对于初学者来说可能会有一定难度。

3.4 本章实训：人工智能芯片相关企业调研

近年来，在国家政策的引导下，我国人工智能产业得到了蓬勃发展，出现了不少高质量的研究机构，也涌现出了一大批极具竞争力的、与人工智能芯片相关的科技公司，如华为海思、中科寒武纪、海光信息、景嘉微、平头哥、地平线、燧原科技、云天励飞、摩尔线程、黑芝麻智能等。这些公司在人工智能芯片领域的发展各有不同且各有所长，既提升了我国的产品和服务在国际和国内的竞争力，又提升了国内人民生活的满意度。

请以此为背景，对在人工智能芯片领域极具代表性的企业进行调研，比较其在人工智能芯片领域的特点和优势，并将结论填写在表 3-4 中。

表 3-4　人工智能芯片领域的企业及其特点和优势

企 业 名 称	特点和优势（包括但不限于技术体系、产业链、应用领域等）

3.5 拓展知识：我国科学家研制出首个全模拟光电智能计算芯片

经过长期联合攻关，清华大学研究团队突破传统芯片的物理瓶颈，创造性地提出光电融合的全新计算框架，并研制出国际首个全模拟光电智能计算芯片（简称 ACCEL），如图 3-26 所示。经实测，该芯片在智能视觉目标识别任务方面的算力可以达到目前高性能商用芯片的 3000 余倍，为超高性能芯片的研发开辟了全新路径。

微课：我国首个全模拟光电智能计算芯片

图 3-26　全模拟光电智能计算芯片

近年来，如何构建新的计算架构，发展新型人工智能计算芯片，是国际关注的前沿热点。利用光波作为载体进行信息处理的光计算，因高速度、低功耗等优点成为科学界的研究热点。然而，计算载体需要从电变为光，还要替代现有电子器件实现系统级应用，因此面临诸多难题。

为此，清华大学信息科学技术学院院长戴琼海院士、自动化系助理教授吴嘉敏，以及电子工程系副教授方璐、副研究员乔飞，结合光计算、纯模拟电子计算等技术，突破传统芯片架构中数据转换速度、精度与功耗相互制约的物理瓶颈，提出一种全新的计算框架，有望解决大规模计算单元集成、光计算与电子信号计算的高效接口等国际性难题。

方璐表示："我们在全模拟信号下发挥光和电的优势，避免了模拟—数字转换问题，突破了功耗和速度的瓶颈。"除算力优势外，在智能视觉目标识别任务和无人系统（如自动驾驶）场景计算中，ACCEL 的系统级能效（单位能量可进行的运算数）经实测是现有高性能芯片的400 万余倍，方璐表示："这一超低功耗的优势将有助于改善限制芯片集成的芯片发热问题，有望为未来芯片设计带来突破。"

此外，ACCEL 光学部分的加工最小线宽为百纳米级。方璐说："实验结果表明，仅采用百纳米级工艺精度，就可大幅提升性能。"

戴琼海表示，ACCEL 未来有望在无人系统、工业检测和人工智能大模型等方面实现应用。目前，该团队仅研制出特定计算功能的光电融合原理样片，亟需进一步研发具备通用功能的智能视觉计算芯片，以便在实际中大范围应用。

3.6　本章习题

一、单项选择题

1. 以下不属于人工智能芯片的是（　　）。

A. GPU　　　　　　B. USB　　　　　　C. FPGA　　　　　　D. ASIC

2. 以下用于计算机进行计算任务的芯片是（　　）。

A. 处理器芯片　　　B. 存储芯片　　　C. 接口芯片　　　D. 通信芯片

3. 以下关于 GPU 的特点描述中，错误的是（　　　）。

A．GPU 的计算能力比 CPU 强

B．GPU 的并行数据处理可以大幅提高运算能力

C．GPU 使用高速全局内存可以进一步提升运算速度

D．GPU 无法使用共享内存结构提高通信速度

4. 以下可以提供 GPU 芯片的中国公司是（　　　）。

A．谷歌　　　　　　　B．英特尔　　　　　　C．景嘉微　　　　　　D．英伟达

5. 专用神经网络处理器的芯片属于（　　　）类型的芯片。

A．CPU　　　　　　　B．FPGA　　　　　　C．GPU　　　　　　D．ASIC

二、简答题

1. 什么是摩尔定律？

2. 简述传统芯片与人工智能芯片的区别。

3. 智能芯片按照技术架构可分为哪几种？

4. 开发框架有什么作用？常见的人工智能开发框架有哪些？

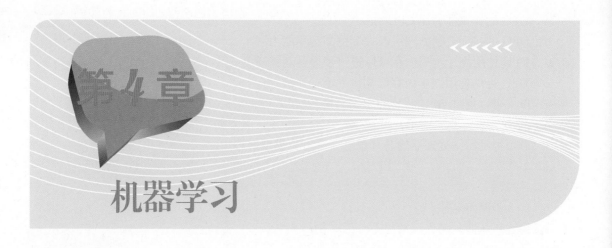

第4章

机器学习

学习目标

素养目标

- 通过学习机器学习算法思想，对学生进行科学思维方法的训练，激发学习热情；
- 通过学习机器学习算法，提高学生分析与解决复杂问题的能力；
- 通过学习拓展知识，培养学生的团队合作精神和精益求精的专业精神。

知识目标

- 掌握机器学习的概念及发展历程；
- 掌握监督学习、无监督学习、半监督学习、强化学习等机器学习类型；
- 理解线性回归、支持向量机、决策树、K近邻算法、K均值聚类算法、关联分析、深度学习等机器学习算法的工作原理；
- 了解机器学习的应用。

能力目标

- 能够针对机器学习具体应用功能，阐述其实现原理；
- 能够针对工作生活场景中的具体需求，选择合适的机器学习算法；
- 会使用"形色"工具识别植物。

➡️ 思维导图

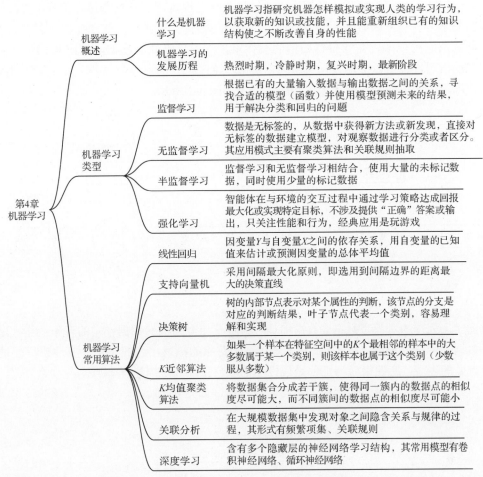

机器学习是人工智能的一个分支，其目的在于使计算机具备自动学习的能力，使计算机随着新的数据自动发生变化，以处理新数据，从而使计算机通过机器学习提升理解力、发现模式并变更行为。

4.1　机器学习概述

4.1.1　什么是机器学习

1. 机器学习的定义

机器学习（Machine Learning，ML）是人工智能的一个重要分支与核心研究内容，是目前实现人工智能的一条重要途径。机器学习专门研究机器如何模拟或实现人类的学习行为，以获取新的知识或技能，同时能够重新组织已有的知识结构，并不断改善自身的性能。这里的"机器"是指包含硬件和软件的计算机系统。机器学习的应用已遍及人工智能的各个分支，如专家

微课：什么是机器学习

系统、自动推理、自然语言理解、模式识别、计算机视觉、智能机器人等领域。机器学习是一个多领域交叉学科，涉及计算机科学、概率论、统计学、逼近论、算法复杂度理论等多门学科。

机器学习的任务可以简单地理解为"总结经验、发现规律、掌握规律、预测未来"。

人类的学习过程可以描述为，对工作、生活中积累的历史经验进行归纳，以获得一些规律。如果有新的问题出现，就需要根据归纳的规律来预测未来未知的事情，如图 4-1 所示。

机器的学习过程可以描述为，利用历史数据，经过训练得到一个模型。如果有新的数据出现，就使用习得的模型来预测未来未知的事情，如图 4-2 所示。

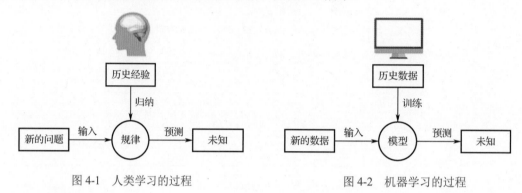

图 4-1　人类学习的过程　　　　　　　图 4-2　机器学习的过程

2. 机器学习术语

机器学习处理的对象是数据。数据集是一组具有相似结构的数据样本的合集；学习算法将经验（数据）转化为最终"模型"；样本是对某个对象的描述，也叫示例；属性或特征是对象的某个方面的表现；属性值或特征值是属性上的取值；维数是描述样本属性参数的个数。以计算机判断西瓜是否为好瓜为例，说明机器学习术语，如图 4-3 所示。

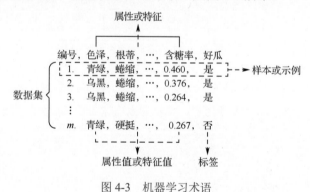

图 4-3　机器学习术语

3. 数据集划分

机器学习中，需要将数据划分为训练集（上课）和测试集（作业），这两个数据集分别用来对模型进行训练和测试。

（1）训练集。训练（Train）集是让算法学习出一个模型，通过优化参数，训练模型。

（2）测试集。测试（Test）集是通过训练集得出模型，使用测试集进行模型测试，查看模型的好坏。

举例来说，若拟合直线 $y=wx+b$，则根据新的 x 数据，就可以知道 y 的值。训练集的作用是，通过已知的 x 和 y，学习出或者训练出合适的 w 和 b，使实际值和预测值尽可能接近，如

图4-4 所示。但是如果将所有已知的 x 和 y 全部用作训练，则根据新的数据 x，无法知道预测出的 y 有多么接近真实数据。此时就需要测试集了。

将所有已知数据分为两部分，多数（如80%）作为训练集，少数（如20%）作为测试集，如图4-5所示。

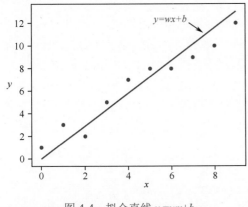

图4-4 拟合直线 $y=wx+b$ 图4-5 训练集和测试集

测试集还需要满足以下两个条件。

● 规模足够大，可产生具有统计意义的结果。

● 能够代表整个数据集。

只有测试集满足上述两个条件，才有可能得到一个很好的泛化到新数据的模型。需要注意的是，绝对禁止使用测试数据进行训练。

4. 过拟合和欠拟合

如果训练集的数据被泄露到测试集，就很容易导致过拟合。过拟合是机器学习的极大障碍，它使模型完美地或很好地拟合数据集的某一部分，但此模型很可能并不能用来预测数据集的其他部分。这就好像是，学生只是背会了作业的答案，如果在考试中只考作业中的题目，则考试成绩肯定很好。如果考试时都是新的题目，那么学生的考试分数将会惨不忍睹。这就是一种过拟合，即当考试范围超出了作业范围时学生就无能为力了。学习科学知识时强调理解原理，而不是背会某个题，就是为了能够有更好的泛化能力，做到举一反三。

欠拟合指的是模型无法很好地拟合训练数据，无法捕捉到数据中的真实模式和关系。欠拟合可以比喻为一个学生连基本的知识都没有掌握好，在考试时无论面对的题目是新题还是旧题都无法解答。在这种情况下，模型过于简单或复杂度不足，都无法充分学习数据中的特征和模式。

过拟合、欠拟合和正常拟合的示例如图4-6所示。

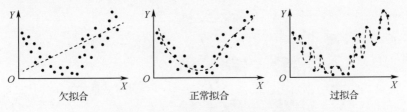

图4-6 过拟合、欠拟合和正常拟合的示例

4.1.2 机器学习的发展历程

自 20 世纪 50 年代开始研究机器学习以来，不同时期的研究途径和目标不同。机器学习的发展历程大致分为四个阶段。

第一阶段是 20 世纪 50 年代中叶到 60 年代中叶，称为机器学习发展的热烈时期。在这个阶段，机器学习所研究的是"没有知识"的学习，即"无知"学习。这一阶段的研究目标是各类自组织系统和自适应系统，其主要研究方法是不断修改系统的控制参数和改进系统的执行能力，不涉及与具体任务有关的知识。该阶段的代表性工作是 1952 年 IBM 公司科学家亚瑟·塞缪尔（Arthur Samuel）开发的西洋跳棋程序；1958 年，罗森·布拉特设计的第一个计算机神经网络感知机（Perceptron），模拟了人类大脑的运作方式，如图 4-7 所示。

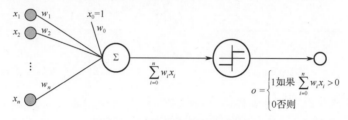

图 4-7　计算机神经网络感知机

第二阶段是 20 世纪 60 年代中叶到 70 年代中叶，称为机器学习发展的冷静时期。该阶段的研究目标是模拟人类的概念学习过程，并采用逻辑结构或图结构作为机器的内部描述。该阶段的代表性工作有温斯顿（Winston）的结构学习系统和海斯·罗思（Hayes Roth）等人的基于逻辑的归纳学习系统，但这些学习系统只能学习单一概念，而且未能投入实际应用。事实上，在这个时期，整个 AI 领域都遭遇了发展瓶颈。当时，计算机的有限内存和处理速度不足以解决任何实际的 AI 问题。

第三阶段是 20 世纪 70 年代中叶到 80 年代中叶，称为机器学习发展的复兴时期。在此阶段，机器学习从学习单一概念扩展到学习多个概念，并探索不同的学习策略和方法，且在该阶段已开始把学习系统与各种应用结合起来，取得了很大的成功。1980 年，在美国的卡内基梅隆大学（CMU）召开了第一届机器学习国际研讨会，标志着机器学习研究已在全世界兴起。此后，机器学习得到了大量应用。1981 年，伟博斯（Weibos）基于神经网络反向传播（BP）算法提出多层感知机（MLP）的概念，如图 4-8 所示；1986 年，昆兰（Quinlan）提出决策树算法，如图 4-9 所示。

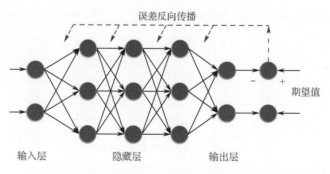

图 4-8　多层感知机

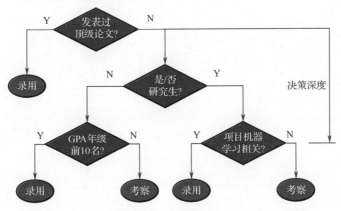

图 4-9　招聘机器学习算法工程师的决策树

第四阶段是 20 世纪 80 年代中叶至今，这是机器学习发展的最新阶段。1995 年，机器学习领域中一个最重要的突破是，由瓦普尼克（Vapnik）和科尔特斯（Cortes）在大量理论和实证的条件下提出的支持向量机（Support Vector Machine，SVM），从此将机器学习社区划分为神经网络社区和支持向量机社区。2006 年，神经网络研究领域领军者辛顿（Hinton）提出了神经网络深度学习（Deep Learning）算法，使神经网络（见图 4-10）的能力大大提高，并向支持向量机发出挑战。

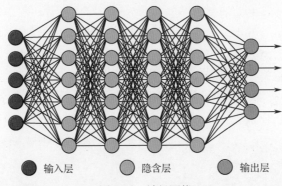

图 4-10　神经网络

这个阶段的机器学习具有如下特点。

（1）机器学习已成为新的边缘学科，它综合应用了心理学、生物学、神经生理学、数学、自动化和计算机科学等学科，形成了机器学习理论基础。

（2）整合了各种学习方法，且形式多样的集成学习系统研究正在兴起。

（3）机器学习与人工智能各种基础问题的统一性观点正在形成。

（4）各种学习方法的应用范围不断扩大，部分应用研究成果已转化为产品。

（5）与机器学习有关的学术活动空前活跃。

4.2　机器学习类型

机器学习的核心是"使用算法分析数据，从数据中学习，然后对未知的某件事情做出决定或预测"。这意味着,机器学习不是直接地通过编写程序来执行某些任务,而是指导机器如何获得一个模型来完成任务。

机器通过学习可以提取数据规律、创建模型。根据数据类型的不同,与之对应的机器学习类型也不同,主要有监督学习、无监督学习、半监督学习和强化学习,如图4-11所示。

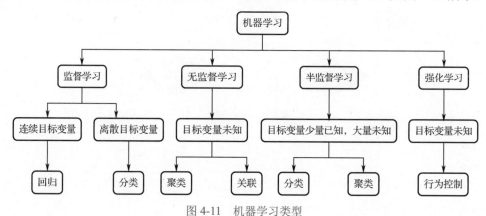

图4-11 机器学习类型

4.2.1 监督学习

监督学习就是根据已有的大量输入数据与输出数据(结果)之间的关系,寻找合适的模型(函数),并使用模型去预测未来的结果。每个训练数据样本都有特征值和对应的标签,机器学习时,从带有标签的训练数据中学习并获得模型,以便对未知或未来的数据做出预测。

"监督"指的是已经知道样本的输出信号或标签。监督学习犹如学生在学习过程中有老师讲授一样,会事先知道相关答案。例如,有两朵鲜花图片,并已知鲜花的名称(玫瑰花、格桑花),即鲜花的标签。事先对计算机要学习的数据样本进行标注(打标签),如图4-12所示,即事先知道明确的结果(答案),这相当于监督了计算机的学习过程。

标签:玫瑰花

标签:格桑花

图4-12 图像标注

监督学习常用于解决生活中分类和回归的问题,如垃圾邮件分类、判断肿瘤是良性还是恶性等问题。

(1)分类。带有离散分类标签的监督学习也称分类任务,这些分类标签是离散值。分类任务的常见算法包括逻辑回归、支持向量机(SVM)、决策树、随机森林、朴素贝叶斯、神经网络等。分类示意图如图4-13所示。

(2)回归。监督学习的另一个子类是回归,其结果信号是连续的数值。回归的任务是预测目标数值,如在给定一组特性(房屋大小、房间数等)的情况下,预测房屋的售价。回归分析的常见算法包括线性回归、神经网络、AdaBoosting 等。线性回归示意图如图 4-14 所示。

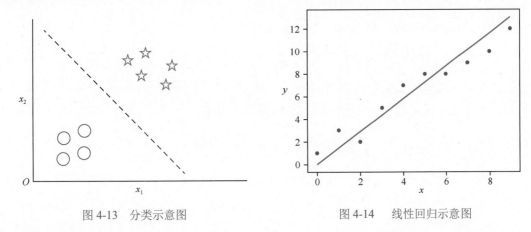

图 4-13 分类示意图   图 4-14 线性回归示意图

4.2.2 无监督学习

无监督学习又称归纳性学习。在无监督学习中,数据样本事先是无标签的,也就是没有分类的,需要从大量的数据中自行获得新方法或新发现,机器需要直接对无标签的数据建立模型,然后对观察数据进行分类或区分。

无监督指的是不知道样本的输出信号或标签。无监督学习犹如学生自学的过程,没有老师讲授,学生需要通过自学寻找答案。无监督学习的应用模式主要包括聚类算法和关联规则抽取。

聚类算法又分为 K-means 聚类和层次聚类。聚类算法的目标是创建对象分组,使同一组内的对象尽可能相似,而处于不同组内的对象尽可能相异。聚类算法如图 4-15 所示。

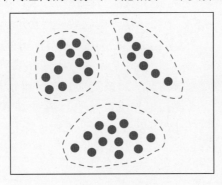

图 4-15 聚类算法

4.2.3 半监督学习

半监督学习是模式识别领域研究的重点问题,是监督学习和无监督学习相结合的一种学习方法。在现实生活中,有时,对数据进行标记的代价很高,大量的数据往往是未经标记的,仅有一小部分数据是被标记的。

半监督学习使用大量的未标记数据，同时使用少量的标记数据，来进行模式识别工作。监督学习、半监督学习、无监督学习在标记数据上的差别如图 4-16 所示。使用未标记数据的目的是获得对数据结构的更多理解。

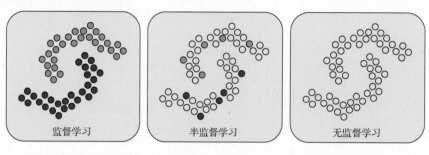

图 4-16　监督学习、半监督学习、无监督学习在标记数据上的差别

4.2.4　强化学习

强化学习，又称再励学习、评价学习或增强学习，用于描述和解决智能体（Intelligent Agent）在与环境的交互过程中，通过学习策略以达成回报最大化或实现特定目标的问题。强化学习是从动物学习、参数扰动自适应控制等理论发展而来的，其基本原理是：如果智能体的某个行为策略得到环境的奖赏（强化信号），那么智能体以后产生这个行为策略的趋势便会加强。智能体的目标是在每个离散状态发现最优策略，以使期望的折扣奖赏和达到最大。

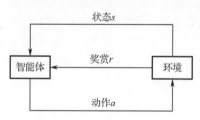

图 4-17　强化学习示意图

与监督学习和无监督学习不同，强化学习不涉及提供"正确"答案或输出，相反，它只关注性能和行为，这类似人类根据积极或消极的结果来学习。例如，一个小孩在刚开始时并不知道玩火会被灼伤，一旦不小心被火灼伤了，以后就会小心避开火源。强化学习示意图如图 4-17 所示。

强化学习的经典应用是玩游戏。例如，一款下棋软件可以学会不把它的国王移到对手的棋子可以进入的空间。刚开始，软件完全不知道如何将棋子放到正确的地方，但是，一旦软件将棋子放在正确的地方，系统就向其反馈奖励（如增加分值），一旦放到会被对方攻击到的地方，系统就向其反馈惩罚（如扣掉分值）。经过大量的训练后，软件逐渐在奖励和惩罚中学会了正确放置棋子。这一基本训练可以被扩展和推断出来，直到软件能够打败人类顶级玩家为止。

4.3　机器学习常用算法

4.3.1　线性回归

1. 什么是一元线性回归

"回归"这一术语最早来源于生物遗传学，研究的内容是某一变量（因变量 Y）与另一个或多个变量（自变量 X）之间的依存关系，目的是用自变量的已知值来估计或预测因变量的总体平均值。回归是统计学分析数据并研究数据之间关系的基本方法。从古至今，人们就一直非常注意观察事物之间的关系。

在实际生活中，事物之间存在某种关联性，如房屋面积与房屋价格的关系、学习时间与学习成绩的关系、身体各项指标与健康程度的关系等。例如，房屋价格和房屋面积有明显的关系。如果使用 X 表示房屋面积，用 Y 表示房屋价格，那么在坐标系中就可以看到这些点的分布，可以拟合出一条贯穿这些点的直线，使这些点比较均匀地分布在直线的两侧，如图 4-18 所示。

当线性回归中只包括一个自变量和一个因变量，且二者的关系可用一条直线近似表示时，这种回归分析就称为一元线性回归。

2. 预测模型

一元线性回归算法的实现过程就是求解拟合直线的过程，假设表示这条直线的方程如下：

$$Y = WX + b, \quad X = (x_1, x_2, \cdots, x_n)$$

式中，X 代表 n 个输入变量，在房屋价格的例子中，X 代表 n 个不同的房屋面积；Y 代表预测值，即不同房屋面积对应的房屋价格；W 是直线的斜率；b 为直线的截距，其几何意义如图 4-19 所示。一元线性回归求解就是求解系数 W 和 b 的最佳估计值，使得预测值 Y 的误差最小。由此可知，只要确定了 W 和 b 这两个系数，直线方程也就确定了，就可以把需要预测的 X 值代入方程来求得对应的 Y 值了。

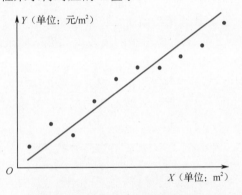

图 4-18　房屋价格和房屋面积的关系

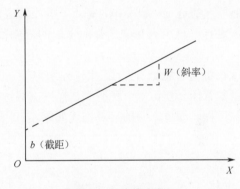

图 4-19　直线方程

3. 损失函数

那么，如何获得 W 和 b 的最佳估计值，从而使预测的值最接近真值呢？这就需要创建损失函数，并计算预测值与真值的差距。从整体来看，最理想的回归直线应该尽可能地最接近各实际观察点，即因变量的实际值与相应的回归估计值的离差整体最小。由于离差有正值也有负值，正负值会相互抵消，通常采用观测值与对应估计值之间的离差平方和来衡量全部数据的总的离差大小。因此，回归直线应满足的条件是：全部观测值与对应的回归估计值的离差平方的总和最小。损失函数 L 定义如下：

$$L = \sum_{i=1}^{n}(y_i - y_i')^2 = \sum_{i=1}^{n}(y_i - (Wx_i + b))^2$$

式中，n 表示样本的数量，y_i' 表示第 i 个预测值，y_i 表示第 i 个真值，x_i 表示第 i 个样本输入特征值。

4. 求解参数

这种计算损失的方式称为最小二乘法,即通过最小化误差的平方和寻找数据的最佳函数匹配。对于参数单一的一元线性回归损失函数来说,求解参数并不困难,求解理论也十分简单。既然是求最小误差平方和,则令其导数为0即可得出回归系数,因此最终得到的推导结果如下:

$$W = \frac{n\sum x_i y_i - \sum x_i \sum y_i}{n\sum x_i^2 - (\sum x_i)^2}$$

$$b = \frac{\sum y_i}{n} - W\frac{\sum x_i}{n}$$

式中,n 表示样本的数量,y_i 是第 i 个真值,x_i 是第 i 个样本输入特征值。

5. 梯度下降法

梯度是一个向量,对于一个多元函数 f 而言,在点的梯度是指在点 $P(x, y)$ 处增大最快的方向,即以 f 在 P 上的偏导数为分量的向量。

微课:什么是梯度下降法

可以将梯度下降形象地理解为一个人下山的过程。假设现在有一个人在山上,他想要走下山,但是不知道山底在哪个方向,怎么办呢?他想到的是一定要沿着山的高度下降的方向走,山的高度下降的方向有很多,应该选择哪个方向呢?假设这个人比较有冒险精神,他会选择最陡峭的方向,即山的高度下降最快的方向。现在确定了方向,就要开始下山了。又有一个问题来了,在下山的过程中,最开始选定的方向并不总是山的高度下降最快的方向。这个人比较聪明,他每次都选定一段距离,每走一段距离之后,就重新选定当前所在位置的高度下降最快的方向。这样,这个人每次选择的下山的方向都可以近似地看作每个距离段内高度下降最快的方向。

现在将这个思想引入线性回归,在线性回归中,需要找到参数以使损失函数最小。如果把损失函数看作一座山,山底不就是损失函数最小的地方吗,那么求解参数的过程,就是人走到山底的过程。梯度下降的直观描述如图4-20所示。

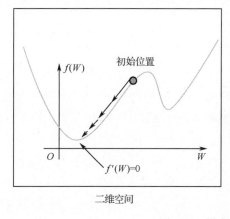

图4-20 梯度下降的直观描述

在下山的例子中,将每段距离称作学习率(也称步长,用 α 表示),把下山过程中一次走一段距离称作一次迭代,算法详细步骤如下。

(1)确定参数的初始值,计算损失函数的偏导数。

(2)将参数代入偏导数以计算出梯度。若梯度为0,则算法结束;否则,执行步骤(3)。

(3)按如下方法更新参数 W 和 b。

$$W = W - \alpha \frac{\partial L}{\partial W}$$

$$b = b - \alpha \frac{\partial L}{\partial b}$$

（4）重复执行步骤（2）和步骤（3）。

4.3.2 支持向量机

在深度学习盛行之前，支持向量机（Support Vector Machine，SVM）是最常用的机器学习算法。SVM 是一种监督学习方式，可以进行分类，也可以进行回归分析。

SVM 于 1964 年被提出，在 20 世纪 90 年代后得到快速发展，并在该基础上衍生出一系列改进算法和扩展算法，在人像识别、文本分类等模式识别问题中得到广泛应用。SVM 使用铰链损失函数（Hinge Loss）计算经验风险（Empirical Risk），并在求解系统中加入了正则化项，以优化结构风险（Structure Risk），是一个具有稀疏性和稳健性的分类器。SVM 可以通过核方法（Kernel Method）进行非线性分类，是常见的核学习方法之一。

支持向量机原理可通过图 4-21 来表示，图中表示的是线性可分状况。其中，图中的实线 A 和实线 B 均可作为决策直线，实线两边的虚线为间隔边界，间隔边界上的带圈的点为支持向量。在图 4-21（a）中，可以看到有两种类别的数据，而图 4-21（b）和图 4-21（c）中的实线 A 和实线 B 都可以把这两类数据点分开。那么，到底选用实线 A 还是选用实线 B 来作为决策直线呢？支持向量机采用间隔最大化（Maximum Margin）原则，即选用到间隔边界的距离最大的决策直线，因此，由于实线 A 到它两边的虚线的距离更大，也就是间隔更大，因此实线 A 将比实线 B 有更多的机会成为决策直线。

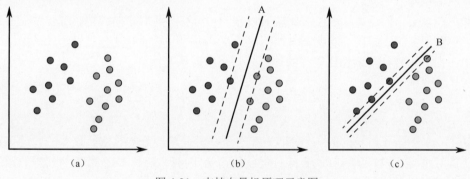

（a）　　　　　　　　　　（b）　　　　　　　　　　（c）

图 4-21　支持向量机原理示意图

SVM 是一种二分类数学模型，通过扩展可应用于多分类问题。在小样本的场景中，SVM 是分类性能最稳定的分类器。在线性不可分的情况下，SVM 利用核函数将特征向量映射到一个高维空间。在此高维空间中，线性不可分问题被转化为线性可分问题。

4.3.3 决策树

决策树（Decision Tree）是一种十分常用的分类方法，也是机器学习预测建模的一类重要算法。决策树模型的可解释性强，符合人类思维方式，是经典的树形结构。由于这种决策分支绘制的图形很像一棵树的样子，因此称为决策树，树的内部节点表示对某个属性的判断，该节点的分支是对应的判断结果，叶子节点代表一个类别。

图 4-22 是一个预测一个人是否会购买计算机的决策树，利用它可以对新记录进行分类，从根节点（年龄）开始，如果某人为中年人，就直接判断这个人会买计算机；如果不是中年人，则继续判断其是否为青少年；如果是青少年，则需要进一步判断是否为学生；如果不是青少年，则是老年人，这时需要进一步判断其信用等级，直到叶子节点可以判定记录的类别。

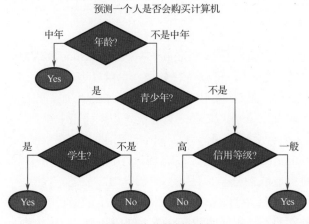

图 4-22　决策树示例

决策树的优点：决策树容易理解和实现，使用者在学习过程中不需要了解很多背景知识，就能够理解决策树所表达的意义；对于决策树，数据的准备往往是简单或不必要的，在相对短的时间内，就能够对大型数据源做出可行且效果良好的结果；易于通过静态测试来对模型进行评测，可以测定模型可信度；如果给定一个观察的模型，那么根据所产生的决策树，就很容易推算出相应的逻辑表达式。

决策树的缺点：对连续性的字段比较难以预测；对有时间顺序的数据，需要做很多预处理工作；当类别太多时，错误可能就会增加得比较快；进行一般的算法分类时，只是根据一个字段来分类；在处理特征关联性比较强的数据时，表现得不是太好。

4.3.4　K 近邻算法

K 近邻（K-Nearest Neighbor，KNN）算法是一种简单的分类算法，该算法通过识别被分成若干类的数据点，以预测新样本点的分类。所谓 K 近邻，就是 K 个最近的邻居的意思，是指每个样本都可以用它最近的 K 个邻居（样本）来代表。

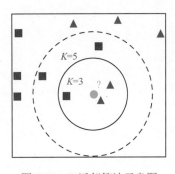

图 4-23　K 近邻算法示意图

KNN 算法的核心思想是：如果一个样本在特征空间中的 K 个最相邻的样本中的大多数属于某一个类别，则该样本也属于这个类别（少数服从多数），并具有这个类别上的样本的特性。比如，在现实中，预测某一个房子的价格，就可以参考最相似的 K 个房子的价格，参考条件包括距离最近、户型最相似等。

KNN 算法的结果很大程度上取决于 K 值的选择，不同 K 值的选择都会对 KNN 算法的结果造成重大影响。如图 4-23 所示，有两类不同的样本数据，分别用三角形和正方形表示，而图的正中间的圆点表示待分类的数据，即要被决定赋予哪个类别，是三角形还是正方形？这时，如果 $K=3$，则距离圆点最近的 3 个邻居是 2 个三角形和 1 个正方形，由于三角形所占比例为 $\frac{2}{3}$，因此圆点被赋予三角形的类别；如果 $K=5$，则距离圆点最近的 5 个邻居是 2 个三角形和 3 个正方形，由于正方形占总数的比例为 $\frac{3}{5}$，因此圆点被赋予正方形的类别。

KNN 算法是分类数据最简单且最有效的算法，它的优点是容易实现、精度高、对异常值不敏感、无须建模与训练。但是，在使用 KNN 算法时必须有接近实际数据的训练样本数据，必须保存全部数据集，如果数据集很大，则必须使用大量的存储空间。此外，由于必须对数据集中的每个数据计算距离值，因此在实际使用时可能非常耗时。KNN 算法的另一个缺点是样本不平衡问题，当其中一类样本的容量很大，而其他类样本的容量很小时，则预测偏差会比较大。

4.3.5　K 均值聚类算法

聚类就是将相似的事物聚集在一起，将不相似的事物划分到不同类别的过程。聚类算法的目标是将数据集合分成若干簇，使得同一簇内的数据点的相似度尽可能大，而不同簇间的数据点的相似度尽可能小。聚类能够在未知模式识别问题中，从一堆无标签的数据中找到其中的关联关系。

聚类是无监督学习，它将相似的对象归类到同一个簇中，类似全自动分类。聚类方法几乎可以应用于所有对象，簇内的对象越相似，聚类的效果越好。

聚类与分类的最大不同在于，分类的目标事先已知，而聚类则不一样。因为聚类产生的结果与分类相同，而只是类别没有预先定义，所以聚类有时也被称为无监督分类。

K 均值聚类（K-means Clustering）算法由于具有简洁和高效的特点，因此成为所有聚类算法中应用得最广泛的算法。该算法是一种迭代求解的聚类分析算法，目的是找到每个样本的潜在类别，并将同类别的样本存放在一起并构成簇（Cluster），要求簇内数据点的相互距离比较近，簇间数据点的相互距离比较远。K 均值聚类算法的目标是将样本聚类成 K 个簇，其算法流程如图 4-24 所示。

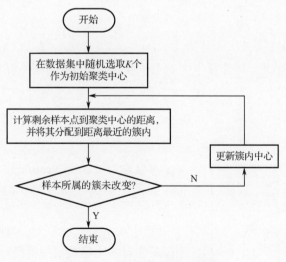

图 4-24　K 均值聚类算法流程图

取 $K=2$ 时，K 均值聚类算法的处理过程如图 4-25 所示。

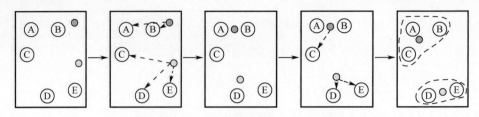

图 4-25　K 均值聚类算法的处理过程

K 均值聚类算法的优点是算法简单，容易实现。它的主要缺点是 K 值是由用户给定的，在进行数据处理前，K 值是未知的，不同的 K 值得到的结果也不一样。另外，由于它的初始点是随机选取的，因此一旦初始点选择得不好，就可能无法得到有效的聚类结果，从而陷入局部最优解的情况。

4.3.6　关联分析

关联分析是一种在大规模数据集中发现对象之间隐含关系与规律的过程。这些关系可以有两种形式：频繁项集、关联规则。频繁项集是经常出现在一起的物品集合，关联规则暗示两种物品之间可能存在很强的关系。例如，挖掘啤酒与尿不湿（频繁项集）的关联规则。

例如，许多商业企业在运营中积累了大量的数据，通常称为购物篮事务（Market Basket Transaction）。购物篮事务的数据如表 4-1 所示，表中每一行对应一个事务，包含一个唯一标识 ID，对应一个购物活动。

表 4-1　购物篮事务的数据

ID	面　包	牛　奶	尿　不　湿	啤　酒
1	1	0	0	1
2	0	1	1	0
3	0	0	1	1
4	1	0	1	1
5	1	0	1	1

通过关联分析可以看出，购买尿不湿的人一般会购买啤酒，尿不湿和啤酒这两个不同事物之间存在关联。

4.3.7　深度学习

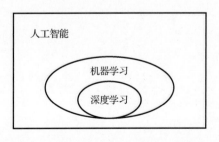

图 4-26　深度学习是机器学习的一个分支

深度学习（Deep Learning），也称深度神经网络，是一类算法集合，也是机器学习的一个分支，如图 4-26 所示。

深度学习的概念源于人工神经网络的研究。其本质上就是含有多个隐藏层的神经网络学习结构，是使用深层架构的机器学习方法。深度神经网络模型如图 4-27 所示。

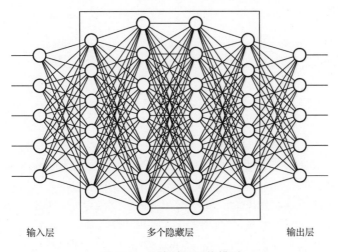

输入层　　　　　　　多个隐藏层　　　　　　　输出层

图 4-27　深度神经网络模型

深度学习的常用模型有卷积神经网络、循环神经网络等，在图像识别、语音识别、自然语言处理等方面有广泛的应用。

微课：形色识别植物

4.4　本章实训：形色识别植物

在手机上下载并安装"形色"App，安装后的主界面如图 4-28 所示，对准某一植物进行拍摄并识别，识别结果如图 4-29 所示。

请读者利用"形色"App 尝试识别各种花草树木和果蔬海鲜，并评估识别的准确率。

图 4-28　"形色"App 主界面

图 4-29　识别结果

4.5　拓展知识：AI 为首张黑洞照片"美颜"

　　基于机器学习的分支字典学习方法，美国国家科学基金会国家光学红外天文研究实验室（NOIRLab）研究人员提供了一种弥补被观测物体信息缺失的方法，从而使人类首张黑洞照片更清晰。

　　2019 年，人类史上首张黑洞照片问世；四年后，AI 让这张黑洞照片更清晰。

　　近日，NOIRLab 研究人员将人工智能技术应用于人类第一张黑洞图像，更清晰地展示气体旋入超大质量黑洞的过程。相关论文被发表在《天体物理学杂志快报》上。

　　当气体接近黑洞时，由于摩擦，它会快速旋转并过热，从而释放出射电望远镜可以探测到的辐射。人类第一张黑洞照片拍摄的是代号为 M87 的超巨椭圆星系中心黑洞，它的质量是太阳的 65 亿倍，距离地球 5500 万光年。2017 年，"事件视界望远镜"（Event Horizon Telescope，EHT）合作项目捕捉到黑洞后，经历大约两年的数据处理及理论分析，这张像甜甜圈的照片才被成功"冲洗"出来，并于 2019 年 4 月 10 日正式面世，如图 4-30（左图）所示。

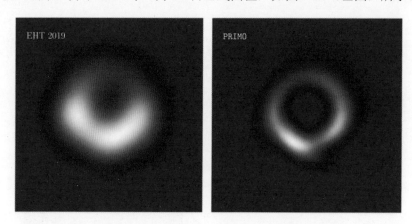

图 4-30　M87 超大质量黑洞的图像

　　现在，针对人类首张黑洞照片，研究人员创建了更加清晰而保真的黑洞图像，如图 4-30（右图）所示。研究人员使用了 EHT 在 2017 年获得的原始数据，利用主成分干涉测量建模机器学习系统（PRIMO），在计算机上分析了 3 万多张图像，每张单独的图像都显示了黑洞吸积过程。研究人员将结果混合，为 EHT 观测提供高度准确表达，同时提供图像缺失结构的高保真预测。

　　PRIMO 基于机器学习的分支——字典学习（Dictionary Learning）方法，通过向计算机展示数千个例子来教会计算机某些规则。这种类型的机器学习能力已经在许多方面得到了证明，包括创造文艺复兴风格的艺术作品、完成贝多芬未完成的作品等。PRIMO 提供了一种弥补被观测物体信息缺失的方法。研究人员证实，新的黑洞图像与 EHT 的数据和理论预期一致，包括预计将由落入黑洞的高温气体产生的明亮环状辐射。

　　NOIRLab 表示，新图像能够更准确地确定 M87 黑洞的质量，以及决定它目前外观的物理参数。论文第一作者利亚·梅代罗斯（Lia Medeiros）表示，由于人类无法近距离研究黑洞，因此图像中的细节对于人类理解黑洞行为具有重要意义，"图像中，环的宽度现在缩小了大约二分之一，这将对我们的理论模型和重力测试构成强大约束。"

4.6 本章习题

一、单项选择题

1. 人类通过对经验进行归纳，并总结规律，以此对新的问题进行预测。类似的，机器会对（   ）进行（   ），建立（   ），并以此对新的问题进行预测。

A. 经验，训练，模型　　　　　　　　　B. 数据，总结，模型

C. 数据，训练，模式　　　　　　　　　D. 数据，训练，模型

2. 以下（   ）步骤不属于机器学习的流程。

A. 特征提取　　　　B. 模型训练　　　　C. 模型评估　　　　D. 数据展示

3. 学习样本中有一部分有标记，有一部分无标记，这类机器学习的算法属于（   ）。

A. 监督学习　　　　B. 半监督学习　　　　C. 无监督学习　　　　D. 集成学习

4. 机器学习算法中有一类称为聚类算法，会将数据根据相似性进行分组。这类算法属于（   ）。

A. 监督学习　　　　B. 半监督学习　　　　C. 无监督学习　　　　D. 集成学习

5. 用于预测分析的建模技术是（   ），它研究的是因变量（目标）和自变量（预测器）之间的关系。

A. 回归算法　　　　B. 分类算法　　　　C. 神经网络　　　　D. 决策树

6. 以下关于无监督学习描述正确的是（   ）。

A. 无监督学习只处理"特征"，不处理"标签"

B. 降维算法不属于无监督学习

C. K 均值算法和 SVM 算法都属于无监督学习

D. 以上都不对

7. K 近邻算法的 K 值必须是（   ）。

A. 奇数　　　　B. 偶数　　　　C. 3　　　　D. 5

8. 监督学习与无监督学习最大的区别是（   ）。

A. 先验知识　　　　B. 学习算法　　　　C. 有无标签　　　　D. 学习方法

9. 线性回归模型要解决的问题是（   ）。

A. 找到自变量与因变量之间的函数关系　　　B. 尽量用一条直线来拟合样本数据

C. 模拟样本数据曲线　　　　　　　　　　　D. 找到数据与时间的变化关系

10. 梯度下降法的目标是（   ）。

A. 尽快完成模型训练　　　　　　　　　　　B. 寻找损失函数的最小值

C. 提高算法效率　　　　　　　　　　　　　D. 提高模型性能

11. 衣服有 L、M、S 等尺码，这些尺码可以表示为（   ）。

A. 分类数据　　　　B. 数值数据　　　　C. 连续数据　　　　D. 整数

12. 线性回归中的权重 W 和 b（   ）。

A. 没有办法计算　　　　　　　　　　　　　B. 研究人员根据经验设置

C. 都不可以是负数　　　　　　　　　　　　D. 都是可以从数据中计算出来的

13. 模型的损失函数（   ）。

A．通过升高损失函数的值优化模型　　　　B．通过降低损失函数的值优化模型

C．可以是负数　　　　　　　　　　　　　D．有绝对的好坏标准

14. 以下关于训练数据和测试数据的说法中，正确的是（   ）。

A．测试数据可有可无

B．训练数据的损失值越小，模型拟合得越好

C．训练数据的损失值越大，模型拟合得越好

D．不可以使用测试数据训练

15. 以下关于过拟合的说法中，正确的是（   ）。

A．过拟合说明模型泛化能力强

B．过拟合可能是由于模型太简单导致的

C．过拟合可能与训练集和测试集的划分有关

D．过拟合问题不严重，不用担心

16. 机器学习的主要特点是（   ）。

A．通过各种算法，从大数据中学习如何完成任务

B．像人类一样开展自主学习

C．具有人类神经网络的功能

D．能够对真实世界中的事件做出决策和预测

17. 人工智能在图像识别上已经超越了人类，支持这些图像识别技术的通常是（   ）。

A．云计算　　　　　　B．因特网　　　　　　C．神经计算　　　　　　D．深度神经网络

18.以下关于人工智能与机器学习的关系描述中，正确的是（   ）。

A．机器学习是深度学习的一种方法　　　　B．人工智能是机器学习的一个分支

C．人工智能就是深度学习　　　　　　　　D．深度学习是一种机器学习的方法

二、简答题

1. 什么是机器学习？

2. 监督学习与无监督学习有什么不同之处？

3. 常用监督学习算法有哪些？常用无监督学习算法有哪些？

4. 支持向量机的核心思想是什么？

5. 决策树有哪些优缺点？

6. 简述 K 近邻算法的工作原理。

7. 简述梯度下降法的基本思想。

第5章

人工神经网络与深度学习

素养目标

- 通过深度学习的教学，培养学生探索未知、追求真理、勇攀科学高峰的责任感和使命感；
- 通过学习 BP 神经网络、卷积神经网络和循环神经网络，提高学生正确认识问题、分析问题和解决问题的能力；
- 通过学习孙剑等科学家的人物事迹，培养学生的科学精神、奋斗精神和开拓创新精神。

知识目标

- 掌握人工神经网络的概念及发展历程；
- 掌握生物神经元、MP 模型的结构和工作过程；
- 理解感知机模型及其学习过程；
- 掌握 BP 神经网络的结构及算法思想；
- 掌握深度学习的概念；
- 理解卷积神经网络、循环神经网络的工作原理及应用场景；
- 了解常用激活函数及特点。

能力目标

- 能够针对人工神经网络与深度学习具体应用功能，阐述其实现原理；
- 能够针对工作生活场景中的具体需求，提出人工神经网络与深度学习技术解决思路；
- 会使用深度学习可视化工具 Playground。

思维导图

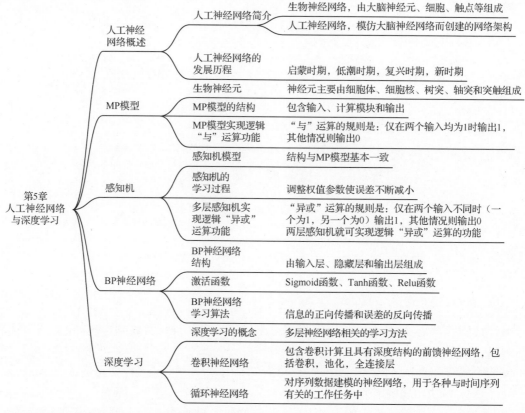

深度学习引领目前人工智能技术范式的改变，即由"大定律，小数据"到"大数据，小定律"的转变，契合云计算、大数据时代的需求。自 2016 年以来，深度学习一直是人工智能领域的研究热点和主流方向。

5.1　人工神经网络概述

微课：什么是人
工神经网络

5.1.1　人工神经网络简介

几年前，人们对"神经网络"一词可能还比较陌生，近几年 AlphaGo 横扫围棋界顶尖高手，使得人工智能、神经网络、深度学习这些词汇被人们所熟知。那么什么是神经网络呢？人工神经网络可以用来做什么呢？

神经网络可以分为两种，一种是生物神经网络，另一种是人工神经网络。生物神经网络一般是指由生物的大脑神经元、细胞、触点等组成的网络，用于产生生物的意识，帮助生物进行思考和行动。人工神经网络（Artificial Neural Network，ANN），简单地讲就是模仿人类大脑神经网络而创建的一种网络架构。它是自 20 世纪 80 年代以来人工智能领域的研究热点。

近些年来，人工神经网络在众多领域得到了广泛的应用。例如，Google 公司推出的 AlphaGo

和 AlphaGo Zero，经过短暂的学习就战胜了当今世界排名前三的围棋选手；科大讯飞公司推出的智能语音系统，识别正确率高达 97% 以上，成为 AI 领域领跑者；百度公司推出无人驾驶系统 Apollo，顺利上路完成公测，使无人驾驶汽车距离人们的生活越来越近。多种成就让人们体会到人工神经网络的价值和魅力。

5.1.2 人工神经网络的发展历程

通常将人工神经网络的发展历程分为 4 个时期，即启蒙时期、低潮时期、复兴时期和新时期。

1. 启蒙时期（1890—1968 年）

1890 年，心理学家威廉·詹姆斯（William James）出版了第一部详细论述人脑结构及功能的专著《心理学原理》，他认为一个神经细胞受到刺激并被激活后，可以把刺激传播到另一个神经细胞，并且神经细胞被激活是细胞所有输入叠加的结果。他的这个猜想后来得到了证实，并且现在设计的人工神经网络也基于这个理论。

1943 年，心理学家麦卡洛克（McCulloch）和数学家皮茨（Pitts）发表文章，提出神经元的数学描述和结构（MP 模型），并且证明了只要有足够的简单神经元，在这些神经元互相连接并同步运行的情况下，就可以模拟任何计算函数。他们所做的开创性的工作被认为是人工神经网络的起点。

1949 年，心理学家赫布（Hebb）在其著作《行为组织学》中提出了改变神经元连接强度的"Hebb 规则"，即当一个神经元 A 反复激活另一个神经元 B 时，神经元 A 和神经元 B 之间的连接就会变得更加强大。

1958 年，计算机科学家罗森布拉特（Rosenblatt）提出了一种称为"感知机"（Perceptron）的人工神经网络结构，该结构采用单层神经元网络结构。他提出的感知机是世界上第一个真正意义上的人工神经网络。

2. 低潮时期（1969—1981 年）

1969 年，符号主义学派的代表人物明斯基（Minsky）在其著作《感知机》中分析了当时的感知机，指出它有非常严重的局限性：简单神经网络只能运用于线性问题的求解，无法解决"异或"问题等非线性可分问题。基于明斯基的学术地位和影响力，让人们对感知机的学习能力产生了怀疑，导致政府停止了对人工神经网络研究的大量投资。不少研究人员纷纷放弃这方面的研究，对人工神经网络的研究陷入了低潮。

1974 年，沃博斯（Werbos）在哈佛大学攻读博士学位期间，在其博士论文中首次提出了反向传播算法，并构建了反馈神经网络，他构建的多层神经网络能够解决"异或"等问题，但当时并没有引起重视。

3. 复兴时期（1982—1986 年）

1982 年，美国加州理工学院的物理学家霍普菲尔德（Hopfield）提出了一种新颖的人工神经网络模型，即 Hopfield 模型，并用简单的模拟电路实现了这种模型。该模型被成功运用于"旅行推销商"问题的求解、4 位 A/D 转换器的实现等问题，并获得了满意的结果。霍普菲尔德的研究成果为神经计算机（Neurocomputer）的研制奠定了基础，也开创了人工神经网络用于联想记忆和优化计算的新途径。

1986 年，心理学家鲁梅尔哈特（Rumelhart）、辛顿（Hinton）和威廉姆斯（Williams）共同提出了训练多层神经网络的反向传播算法（BP算法），彻底扭转了明斯基《感知机》一书带来的负面影响，多层神经网络的有效性终于再次得到了学术界的普遍认可，从而将神经网络的研究推向了新的高潮。至今，BP算法仍是应用最为普遍的多层神经网络学习算法。

4. 新时期（1987年至今）

1987年6月，首届国际人工神经网络学术会议在美国加州圣地亚哥召开，到会代表有1600余人。之后，国际人工神经网络学会和美国电子电气工程师协会（IEEE）联合召开了每年一次的国际学术会议。

1986年之后，人工神经网络蓬勃发展起来了。特别是近几年，人工神经网络呈现出一种爆发趋势，人工神经网络开始应用在各行各业，各种新的人工神经网络模型不断被提出。2006年，辛顿（Hinton）等人提出了深度学习（Deep Learning, DL）的概念，2009年，辛顿把深层人工神经网络介绍给研究语音的学者们。2010年，语音识别的研究获得了巨大突破。2011年，深层人工神经网络又被应用在图像识别领域，并取得了令人瞩目的成绩。

5.2　MP模型

1943年，心理学家麦卡洛克（McCulloch）和数学家皮茨（Pitts）参考了生物神经元的结构，提出了人工神经元的数学模型——MP模型。

5.2.1　生物神经元

人的神经系统非常复杂，其基本组成单位是生物神经元。成人的大脑有1000多亿个生物神经元，这些神经元彼此连接构成生物神经网络。

早在1904年，生物学家就已经知道了生物神经元的组成结构。神经元是大脑处理信息的基本单元。神经元主要由细胞体、细胞核、树突、轴突和突触组成。一个神经元通常具有多个树突，树突主要用来接收来自其他神经元的信息；而神经元只有一条轴突，轴突的主要作用是将神经元细胞体所产生的兴奋冲动传导至其他神经元；轴突尾端有许多突触，可以给其他神经元传递信息、生物神经元如图5-1所示。

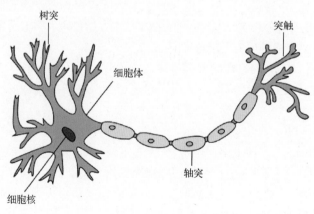

图 5-1　生物神经元

神经元有两种状态：兴奋和抑制。一般情况下，大多数神经元处于抑制状态，但是一旦某个神经元受到刺激，当它的累积电位超过一个"阈值"时，这个神经元就会被激活，就会处于"兴奋"状态，进而向其他神经元发送化学物质（其实就是信息）。

5.2.2 MP 模型的结构

MP 模型是对神经元的工作过程进行的简单抽象和模拟，其结构如图 5-2 所示。这个模型的结构很简单，包含输入、计算模块和输出三个部分。输入可以类比为神经元的树突，而输出可以类比为神经元的轴突，计算则可以类比为细胞核。

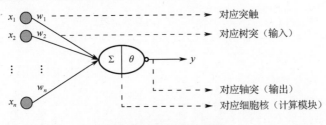

图 5-2　MP 模型的结构

在 MP 模型中，一个神经元可以从多个神经元接收信号，x_i 表示从第 i 个神经元传来的信号强度值。信号经突触传递给树突，突触的连接强度（传递能力）用 w_i 表示，树突传入的信号强度计算为 $w_i x_i$。在细胞核中，对各个树突传来的信号进行汇集和处理。汇集是对输入信号直接相加（$\sum\limits_{i=1}^{n} w_i x_i$）；处理是根据预先设定的阈值 θ，如果汇集后的信号强度大于该阈值就通过轴突产生冲动（输出 1），否则就不产生冲动（输出 0）。

MP 模型的最终输出如下式所示：

$$y = f\left(\sum_{i=1}^{n} w_i x_i - \theta \right)$$

函数 $f(x)$ 是阶跃函数，如图 5-3 所示。如果刺激强度 $\sum\limits_{i=1}^{n} w_i x_i$ 大于该神经元的阈值 θ，则该神经元表现为兴奋状态，输出 $y=1$；反之则表现出抑制状态，输出 $y=0$；可用下式表示函数关系 $f(x)$：

$$f(x) = \begin{cases} 1, & \text{当} x \geq 0 \\ 0, & \text{当} x < 0 \end{cases}$$

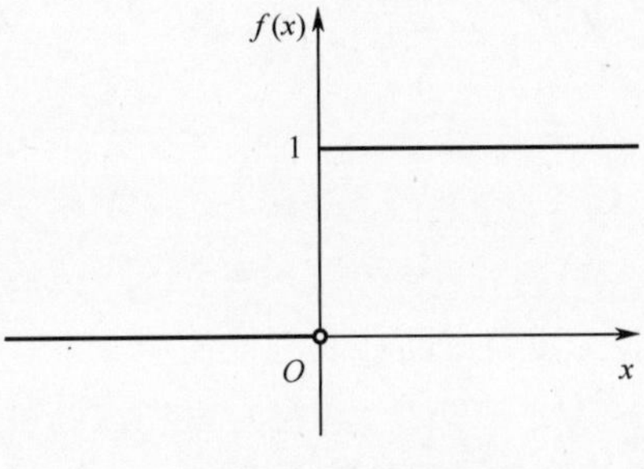

图 5-3　阶跃函数

在 MP 模型中，$f(x)$ 称作激活函数；w_i 被称为权值参数，θ 被称为偏置（上面的阈值）。这

些权值参数 w_i 和偏置参数 θ 都需要人为设定，因此 MP 模型并没有学习能力。

5.2.3 MP 模型实现逻辑"与"运算功能

采用 MP 模型可以实现逻辑"与"运算功能。"与"运算有两个输入和一个输出，其输入信号 x_1、x_2 和输出信号 y 的对应关系如表 5-1 所示，该表称为"与"运算真值表。"与"运算的规则是：仅在两个输入均为 1 时输出 1，其他情况都输出 0。这里 1 代表"真"值，0 代表"假"值。

表 5-1 "与"运算真值表

x_1	x_2	y	x_1	x_2	y
0	0	0	1	0	0
0	1	0	1	1	1

建立一个有两个数据输入端的 MP 模型，其权值参数用 w_1、w_2 表示，偏置（阈值）用 θ 表示。当设置 $w_1=0.5$，$w_2=0.5$，$\theta=0.8$ 时，实现逻辑"与"运算，该 MP 模型如图 5-4 所示。

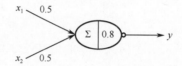

图 5-4 实现逻辑"与"运算功能的 MP 模型

根据 MP 模型的计算公式，有以下几种情况。

（1）x_1、x_2 分别为 0、0 时，MP 模型输出 0，计算过程如下：
$$y = f(w_1x_1 + w_2x_2 - \theta) = f(0.5 \times 0 + 0.5 \times 0 - 0.8) = f(-0.8) = 0$$

（2）x_1、x_2 分别为 0、1 时，MP 模型输出 0，计算过程如下：
$$y = f(w_1x_1 + w_2x_2 - \theta) = f(0.5 \times 0 + 0.5 \times 1 - 0.8) = f(-0.3) = 0$$

（3）x_1、x_2 分别为 1、0 时，MP 模型输出 0，计算过程如下：
$$y = f(w_1x_1 + w_2x_2 - \theta) = f(0.5 \times 1 + 0.5 \times 0 - 0.8) = f(-0.3) = 0$$

（4）x_1、x_2 分别为 1、1 时，MP 模型输出 1，计算过程如下：
$$y = f(w_1x_1 + w_2x_2 - \theta) = f(0.5 \times 1 + 0.5 \times 1 - 0.8) = f(0.2) = 1$$

由此可见，对逻辑"与"运算的各种输入，MP 模型都能给出正确的输出结果，实现了逻辑"与"运算的功能。

5.3 感知机

在 MP 模型中，参数需要人为设置。而在实际应用中，只有能够自动选择合适的参数，才具有实用价值。感知机中引入了"学习"这一概念，首先预设参数，然后通过已知结果的数据来获得模型输出误差，引导权值参数进行调整来不断减小误差，这样就可以找到最合适的参数，从而达到学习的目的。简单地讲，"学习"就是通过已知数据（训练数据）来获得网络中的权值等参数。

5.3.1 感知机模型

感知机是一种人工神经网络，其结构与 MP 模型基本一致，如图 5-5 所示，包含输入、神经元、输出三个部分。由于处理数据的神经元只有一层，因此也称单层感知机。

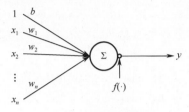

图 5-5　感知机模型

为了便于计算，把偏置进行了等价替换：增加一个值为 1 的固定输入，对其设置权值参数 b。因为 b 的值会被自动调整，不失一般性，所以在神经元进行求和运算时可以等价地用加 b 替换原 MP 模型公式中的减阈值 θ，即输出公式变为下式：

$$y = f\left(\sum_{i=1}^{n} w_i x_i + b\right)$$

式中的激活函数 f () 为价跃函数。

5.3.2 感知机的学习过程

感知机的计算过程和 MP 模型一样。当感知机应用于逻辑"与"运算功能时，其计算过程如下：

$$y = f(w_1 x_1 + w_2 x_2 + b)$$

当设置 w_1=0.5，w_2=0.5，b=-0.8 时，该模型同样可实现逻辑"与"运算功能，计算过程同上。把这种感知机的能力推广后，可以用来进行分类，并具有几何上的意义。逻辑"与"运算的 4 种输入数据可以看作平面上的 4 个点（0，0）、（0，1）、（1，0）、（1，1），输出数据 y=0 和 y=1 可以看作需要分类的结果。感知机对输入数据的处理，可以理解为在平面上绘制一条直线 $w_1 x_1 + w_2 x_2 + b = 0$（本例为直线 $0.5x_1 + 0.5x_2 - 0.8 = 0$），将两类结果分开，如图 5-6 所示。激活函数的输出就表示输入的点位于直线的上方（y=1）还是下方（y=0），从而把结果分为两类。

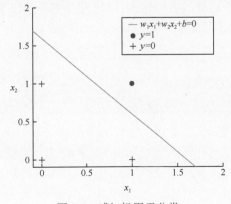

图 5-6　感知机用于分类

现在的问题是感知机是如何学习到参数 w_1、w_2、b 的值的。

感知机起初并不知道正确的权值参数（可能有多个），因此就首先将权值参数设置为随机值，然后再把已经知道结果的数据（训练数据）逐个输入模型进行计算。由于起初的权值参数是随机设置的，会产生很多错误的输出，通过计算误差（实际值与输出值之间的差）来调整权值参数，使修改后重新计算的结果误差减小，经过这样的多次迭代，当输入的每个数据都能计算出正确的结果时，感知机就已经正确学习到了所有的参数。

在整个学习过程中，如何调整权值参数（即权值更新）才能确保误差不断减小呢？下面给出感知机的学习过程和权值参数的更新规则。

（1）随机初始化权值参数 W （w_0, w_1, w_2, $\cdots$, w_n），为了描述的统一，此处用 w_0 代替 b。

（2）输入一个已知的训练样本（1, x_1, x_2, $\cdots$, x_n）和对应的期望结果 y。其中，1 与 w_0 相乘表示偏置，传入计算模型。在二分类中，一般用 $y=1$ 表示一类，用 $y=0$ 表示另一类。

（3）根据感知机模型计算结果：

$$y' = f\left(\sum_{i=0}^{n} w_i x_i\right)$$

（4）若该点被分类错误，则存在误差（$\varepsilon = y - y' \neq 0$），以此误差为基础，对每个权值参数 w_i （$0 \leqslant i \leqslant n$）按以下规则进行调整（称为学习规则）：

$$\Delta w_i = \eta(y - y') x_i$$

$$w_i \leftarrow w_i + \Delta w_i$$

这里的 η 称为学习率，是一个人为设置的常量，一般为 0～1，用来控制每次权值参数的调整幅度，一般根据经验进行设置。

（5）如果所有样本分类的输出均正确，即成功分类，则训练过程结束。如果有任何一个样本的输出结果错误，那么就要根据步骤（4）中的规则对权值参数进行调整，并且再次逐个输入所有样本进行训练。

5.3.3 多层感知机实现逻辑"异或"运算功能

由感知机的几何意义可以得知，单层感知机通过超平面来进行分类，无法解决线性不可分问题。这就是明斯基的质疑，单层感知机连"异或"问题都无法解决，从而让人们对感知机的学习能力产生了怀疑，造成了人工神经领域发展的长年停滞及低潮。逻辑"异或"运算的真值表如表 5-2 所示。

表 5-2 逻辑"异或"运算真值表

x_1	x_2	y	x_1	x_2	y
0	0	0	1	0	1
0	1	1	1	1	0

如图 5-7 所示，无论直线怎么变动也无法分割两种类型。

随着研究的进行，人们发现在输入层与输出层之间增加一个隐藏层，构成一种多层神经网络结构，这样的结构就可以解决非线性分类的问题，从而增强感知机的分类能力，这就是多层感知机，其结构如图 5-8 所示。

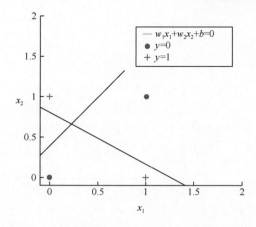

图 5-7 单层感知机无法对"异或"问题进行分类

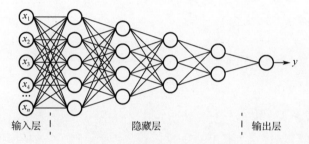

图 5-8 多层感知机的结构

利用如图 5-9 所示的两层感知机（输入层不算入神经网络的层次）就可实现逻辑"异或"运算的功能。

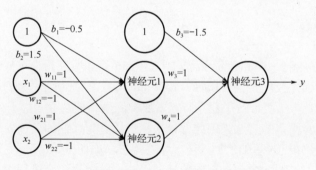

图 5-9 实现逻辑"异或"运算功能的两层感知机

在两层感知机中，设置权值参数 $w_{11}=1$，$w_{12}=-1$，$w_{21}=1$，$w_{22}=-1$，$w_3=1$，$w_4=1$，$b_1=-0.5$，$b_2=1.5$，$b_3=-1.5$，激活函数 $f(x)$ 为阶跃函数。

（1）x_1、x_2 分别为 0、0 时，输出 $y=0$，计算过程如下：

神经元 1 输出 $s_1=f(w_{11}x_1+w_{21}x_2+b_1)=f(1×0+1×0-0.5)=0$

神经元 2 输出 $s_2=f(w_{12}x_1+w_{22}x_2+b_2)=f(-1×0+(-1)×0+1.5)=1$

神经元 3 输出 $s_3=f(w_3s_1+w_4s_2+b_3)=f(1×0+1×1-1.5)=0$

（2）x_1、x_2 分别为 0、1 时，输出 $y=1$，计算过程如下：

神经元 1 输出 $s_1=f(w_{11}x_1+w_{21}x_2+b_1)=f(1×0+1×1-0.5)=1$

神经元 2 输出 $s_2=f(w_{12}x_1+w_{22}x_2+b_2)=f(-1×0+(-1)×1+1.5)=1$

神经元 3 输出 $s_3=f(w_3s_1+w_4s_2+b_3)=f(1×1+1×1-1.5)=0$

（3）x_1、x_2 分别为 1、0 时，输出 $y=1$，计算过程如下：

神经元 1 输出 $s_1=f(w_{11}x_1+w_{21}x_2+b_1)=f(1×0+1×1-0.5)=1$

神经元 2 输出 $s_2=f(w_{12}x_1+w_{22}x_2+b_2)=f(-1×0+(-1)×1+1.5)=1$

神经元 3 输出 $s_3=f(w_3s_1+w_4s_2+b_3)=f(1×1+1×1-1.5)=1$

（4）x_1、x_2 分别为 1、0 时，输出 $y=1$，计算过程如下：

神经元 1 输出 $s_1=f(w_{11}x_1+w_{21}x_2+b_1)=f(1×1+1×0-0.5)=1$

神经元 2 输出 $s_2=f(w_{12}x_1+w_{22}x_2+b_2)=f(-1×1+(-1)×0+1.5)=0$

神经元 3 输出 $s_3=f(w_3s_1+w_4s_2+b_3)=f(1×1+1×1-1.5)=1$

由上面的计算可知，这种两层感知机的运算结果与逻辑"异或"运算真值表中的内容是一致的，实现了"异或"运算功能，但是感知机只给出了最后一层神经元权值参数的训练方法，而其他层的参数则只能人为设置。

5.4　BP 神经网络

1969 年，被誉为"人工智能之父"的明斯基（Minsky）教授指出了单层感知机的弱点，尤其是单层感知机不能解决"异或"等非线性问题，从而限制了它的应用范围。如果将计算层数增加到两层，则计算量过于庞大，而且没有有效的学习算法。在当时，很多学者纷纷放弃了对神经网络的研究，这个时期被称为神经网络"低潮期"。直到十多年后，对于两层神经网络的研究成果为神经网络领域带来了复苏。

5.4.1　BP 神经网络结构

1986 年，鲁梅尔哈特（Rumelhart）、辛顿（Hinton）和威廉姆斯（Williams）等人提出了训练多层神经网络的误差反向传播（Back Propagation，BP）神经网络算法，彻底解决了两层神经网络的计算量问题，从而带动了业界研究多层神经网络的热潮。由于神经网络在解决复杂问题时提供了一种相对简单的方法，因此近年来越来越受到人们的关注。

BP 神经网络在感知机的基础上加入了一个隐藏层，如图 5-10 所示。BP 神经网络，即误差反向传播算法的学习过程，由信息正向传播和误差反向传播两个过程组成。

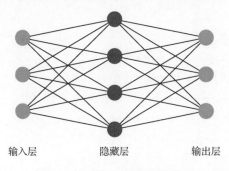

输入层　　　　隐藏层　　　　输出层

图 5-10　两层 BP 神经网络模型

BP 神经网络由输入层、隐藏层和输出层组成，每一层都由若干个神经元组成。它的相邻层之间的各个神经元实现全连接，即相邻层的所有神经元之间都存在连接，这种连接方式称为全连接，而同一层中的上下各神经元之间无连接。需要注意的是，输入层不计入神经网络的层数。图 5-10 所示是具有三个神经元输入的两层 BP 神经网络模型，它包含一个有四个神经元的隐藏层和一个有三个神经元的输出层。

（1）输入层：在输入阶段，由来自外部的信息提供给网络的部分，统称为"输入层"。输入层对于输入的信息不做任何处理，即输入节点不执行计算，只负责将信息传递至隐藏层。

（2）隐藏层：隐藏层的节点与外界没有直接联系，就像一个黑盒子，因此得名"隐藏层"。隐藏层的神经元负责执行运算，并将信息从输入节点传输到输出节点。神经网络只有一个输入层和输出层，但是可以拥有多个隐藏层。

（3）输出层：输出节点统称为"输出层"，负责计算并将信息从网络输出到外部。

在正常情况下，一个多层神经网络的计算流程是从数据进入输入层开始的，输入层将数据传递到第一层隐藏层，然后经过第一层隐藏层中的神经元运算（乘上权值，加上偏置，激活函数运算一次），得到输出，再把第一层隐藏层的输出作为第二层隐藏层的输入，重复进行运算，得到第二层隐藏层的输出，直到所有隐藏层计算完毕，最后数据被输出至输出层进行运算，得到输出结果。这个过程也称神经网络信息的正向传播过程。

图 5-11 所示为有两个隐藏层的 BP 神经网络模型，输入层输入训练数据，输出层输出计算结果，中间有两个隐藏层，使输入数据向前传播到输出层。从这个过程也可以看出，对于多层神经网络，需要计算每个节点对其下一层节点的影响，求出各个神经元的权值参数和偏置的值，使得输出结果达到要求。

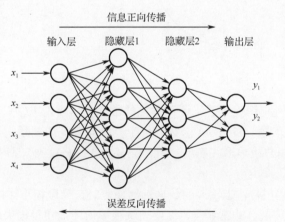

图 5-11　有两个隐藏层的 BP 神经网络模型

计算输出要从第一层隐藏层向输出层传递，网络是前向（也称前馈）网络，是信息的正向传播过程。而进行学习调整权值参数时，要从输出层向第一层隐藏层传递计算误差，学习过程称为误差反向传播（BP），因而称为 BP 神经网络。

BP 神经网络能够精确地计算误差并调整权值参数，实现多层网络的学习，因而具有很强的功能。具有两个以上隐藏层的 BP 神经网络，能够实现输入和输出的任意关系的映射。

5.4.2　激活函数

在多层神经网络中，上层节点的输出和下层节点的输入之间具有函数关系，这个函数称为激活函数。如果不使用激活函数，则每一层节点的输入都是上一层节点输出的线性函数，无论神经网络有多少层，输出都是输入的线性组合，与没有隐藏层的效果相当，这种情况就是最原始的感知机，那么网络的逼近能力就相当有限。

为了解决线性输出问题，引入非线性函数作为激活函数，这样多层神经网络的表达能力就更强，可处理非线性问题。常用的激活函数有 Sigmoid 函数、Tanh 函数、Relu 函数等。

1. Sigmoid 函数

Sigmoid 函数公式如下：

$$f(x) = \frac{1}{1 + e^{-x}}$$

Sigmoid 函数的几何图像如图 5-12 所示。

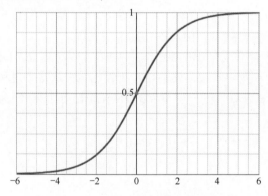

图 5-12　Sigmoid 函数的几何图像

从 Sigmoid 函数的几何图像来看，无论横轴的数据是多少，纵轴只在（0，1）区间输出，由此很容易联想到概率问题。Sigmoid 函数常用于分类问题，如判断一张图片属于某个分类的概率是多少。Sigmoid 函数求导形式简单，为 $f'(x)=f(x)(1-f(x))$，便于计算梯度（图像曲线在某点的斜率）。

Sigmoid 函数也有局限性，当输入的数据远离原点时，梯度很小（接近于 0），那么在神经网络上反向传播时，速度就会非常缓慢，需要训练很多次才能使得损失函数收敛。这不利于权值参数的调整优化，这个问题叫作梯度饱和或梯度弥散。

2. Tanh 函数

Tanh 函数公式如下：

$$f(x) = \frac{e^x - e^{-x}}{e^x + e^{-x}}$$

Tanh 函数的几何图像如图 5-13 所示。

Tanh 函数是双曲正切函数，它和 Sigmoid 函数的曲线是比较相近的。相同的是，这两个函数在输入的值很大或很小时，输出都几乎平滑，梯度很小，不利于权值更新；不同的是，Tanh 函数的输出区间是（-1，1），而且整个函数是以原点为中心的。

在一般二分类问题中，隐藏层的神经元输出使用 Tanh 函数激活，输出层则使用 Sigmoid 函数激活。不过，这些并不是一成不变的，具体使用哪个激活函数，要根据具体的问题来具体分析。

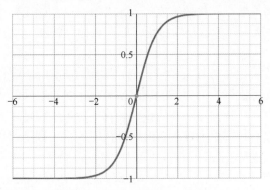

图 5-13　Tanh 函数的几何图像

3. Relu 函数

Relu 函数公式如下：

$$f(x) = \max(0, x)$$

Relu 函数的几何图像如图 5-14 所示。

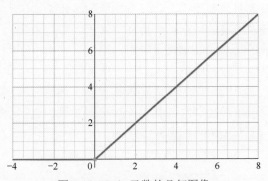

图 5-14　Relu 函数的几何图像

Relu 函数在输入的值为负数时，输出为 0；输入的值为正数时，输出为其本身。该函数的使用比较广泛，原因如下。

（1）输入为正数的情况下，函数梯度较大，梯度下降的收敛速度快。

（2）计算速度相对较快。Relu 函数只存在线性关系，无论是前向传播还是反向传播，都比 Sigmoid 函数和 Tanh 函数要快得多。

不过它的缺点也很明显。

（1）当输入为负数时，Relu 函数是完全无法起到激活作用的，因为只要输入为负数，输出结果就为 0，Relu 函数完全失效。在前向传播过程中，这个问题并不明显，但是在反向传播过程中，输入负数后，计算得到的梯度就会完全为 0，就会引起梯度饱和。

（2）Relu 函数的输出只能为 0 或正数，不是以 0 为中心的函数。

5.4.3　BP 神经网络学习算法

对于 BP 神经网络来说，它的工作程序由"信息的正向传播"和"误差的反向传播"组成。

（1）信息的正向传播：输入的样本从输入层进入 BP 神经网络，经各隐藏层逐层处理后，传递至输出层，信息传播的路径是"输入层—隐藏层—输出层"。

（2）误差的反向传播：当正向传播结束后，如果输出层的输出结果与期望结果不符，那么 BP 神经网络体系就会将这一误差值反向传播，即信息的传输路径更改为"输出层—隐藏层—输入层"。

误差的反向传播是将输出误差以某种形式通过隐藏层向输入层逐层反向传播，并将误差分摊给各层的所有单元，从而获得各层单元的误差信号，此误差信号即作为修正各单元权值参数的依据。这种通过信号的正向传播与误差的反向传播，对各层权值参数进行调整过程，是周而复始地进行的。权值参数不断调整的过程，也就是网络的学习训练过程。此过程一直进行到网络输出的误差减少到可接受的程度，或者进行到预先设定的学习次数为止。

BP 神经网络学习算法最早由沃博斯（Werbos）于 1974 年提出，1986 年鲁梅尔哈特（Rumelhart）等人发展了该算法。BP 神经网络采用监督学习方式，为了便于理解，下面以两层 BP 神经网络为例，介绍其学习过程。

（1）随机初始化隐藏层和输出层的权值参数和阈值，给定学习率和激活函数，给定样本的输入值和期望结果。

（2）根据隐藏层的权值参数和阈值，计算隐藏层的输出结果。

（3）根据输出层的权值参数和阈值，计算输出层的输出结果。

（4）根据期望结果与输出层的输出结果，计算误差。

（5）判断误差是否满足要求，如果满足要求，则学习结束；否则继续往向下执行。

（6）更新输出层的权值参数和阈值。

（7）反向传递误差，更新隐藏层的权值参数和阈值，然后跳转到步骤（2）。

如此反复迭代，直到误差满足要求或学习次数达到要求为止。

两层 BP 神经网络学习算法流程如图 5-15 所示。

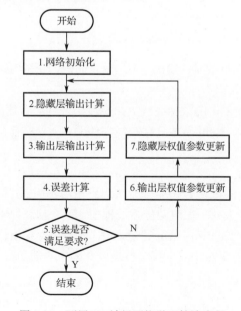

图 5-15　两层 BP 神经网络学习算法流程

BP 神经网络算法从开始提出至今，已经发展得比较成熟，如今已在各行各业被广泛应用。

该算法的突出优点是，具备很强的非线性映射能力，以及可以不断调整参数的网络结构。也就是说，BP 神经网络的隐藏层的层数及各层的神经元个数可根据实现目标的具体情况任意设定，并且随着其结构的差异，体现出的性能也有所不同。

BP 神经网络也存在一些缺陷，如算法的学习速度较慢，即便要解决的是一个简单问题，也可能需要经过迭代几百次甚至几千次才能最终收敛。同时，由于 BP 神经网络采用"梯度下降法"，因此容易遇到局部极小值的问题。

5.5 深度学习

5.5.1 深度学习的概念

深度学习（Deep Learning）是从人工神经网络发展而来的。深度学习是机器学习的一个分支，是一种试图使用包含复杂结构或由多重非线性变换构成的多个处理层对数据进行高层抽象的算法。深度学习是机器学习中一种基于对数据进行表征学习的算法，至今已有数种深度学习框架，如卷积神经网络、循环神经网络等，已被应用在计算机视觉、语音识别、自然语言处理、音频识别与生物信息学等领域，并获取了极好的效果。

2006 年，辛顿提出了"深度信念网络"（Deep Belief Network，DBN）的概念。与传统的训练方式不同，深度信念网络有一个预训练（Pre-training）的过程，可以方便地让神经网络中的权值参数找到一个接近最优解的值，之后再使用微调（Fine-tuning）技术对整个网络进行优化训练，从而大幅度减少训练多层神经网络的时间。辛顿给多层神经网络相关的学习方法赋予了一个新名称——深度学习。

深度学习可以理解为"深度"和"学习"这两个名词的组合。"深度"体现在神经网络的层数上。通常，典型的深度学习模型是指具有"多隐藏层"的神经网络，这里的"多隐藏层"是指有三个以上的隐藏层，通常有八九层甚至更多隐藏层，层数越多，学习效果越好。"学习"体现为神经网络可以通过不断地使用训练数据来自动校正权值参数、偏置等参数，以拟合更好的学习效果。

2012 年，深度学习在图像识别领域发挥了作用，辛顿和他的学生在 ImageNet 竞赛中，用多层神经网络成功地对覆盖 1000 个类别的 100 万张图片进行了训练，取得了分类错误率 15% 的好成绩，比第二名高了 11 个百分点，充分证明了多层神经网络在识别领域的优越性。

说到深度学习，值得一提的是我国科学家——孙剑。孙剑（1976 年 10 月—2022 年 6 月），男，出生于西安，人工智能领域科学家，生前为旷视科技首席科学家、旷视研究院院长、西安交通大学人工智能学院首任院长。孙剑于 1997 年在西安交通大学获工学学士学位，2000 年在西安交通大学获工学硕士学位，2003 年在西安交通大学获工学博士学位；2003 年在微软亚洲研究院担任首席研究员，2016 年 7 月加入北京旷视科技有限公司，并任首席科学家和旷视研究院（Megvii Research）负责人。孙剑的主要研究方向是计算机视觉和计算摄影学、人脸识别和基于深度学习的图像理解。在孙剑的带领下，旷视研究院研发了移动端高效卷积神经网络 ShuffleNet、开源深度学习框架天元 MegEngine、AI 生产力平台 Brain++ 等多项创新技术，其提出的"深度残差网络 ResNets"成功地解决了深度神经网络训练困难的世界级难题。2015 年，孙剑带领团队获得图像识别国际大赛五项冠军（ImageNet 分类、检测、定位、MS COCO 检测和分割）；2017 年带领旷视研究院击败谷歌、Facebook、微软等企业，获得 COCO&Places 图像理解国际大赛三项冠军（COCO 物体检测、人体关键点、Places 物体分割）；2017—2019 年带领团队获得 MS COCO 物体检测世界比赛三连冠。

关于深度神经网络的研究与应用不断涌现，现在热门的研究包括卷积神经网络、循环神经网络等。

5.5.2 卷积神经网络

微课：什么是卷积神经网络

卷积神经网络（Convolutional Neural Networks，CNN）是一类包含卷积计算且具有深度结构的前馈神经网络，是目前深度学习技术领域中非常具有代表性的神经网络之一。20 世纪 60 年代，休伯尔（Hubel）和维厄瑟尔（Wiesel）在研究猫脑皮层中用于局部敏感和方向选择的神经元时，发现其独特的局部互连网络结构可以有效地降低神经网络的复杂性，继而提出了卷积神经网络。

卷积是一种数学运算。在卷积神经网络中，卷积操作是一种特殊的线性变换，卷积核（也称滤波器）在输入数据上进行滑动，以计算与卷积核重叠部分的"点乘和"。通过这样的操作可以提取输入数据的局部特征，实现特征的共享和抽象，从而使网络对输入数据的变化更加鲁棒和准确。

卷积神经网络在本质上是一个多层感知机，采用了局部连接和共享权值的方式，使得神经网络易于优化，从而降低过拟合的风险。卷积神经网络可以使用图像直接作为神经网络的输入，避免了传统识别算法中复杂的特征提取和数据重建过程。卷积神经网络能自行抽取图像特征（颜色、纹理、形状及图像的拓扑结构等），在识别位移、缩放及其他形式扭曲不变性的应用方面具有良好的鲁棒性和运算效率等特性，允许样品有较大的缺损、畸变，运行速度快，自适应性能好，具有较高的分辨率。

卷积神经网络最主要的功能是特征提取和降维。特征提取是计算机视觉和图像处理中的一个概念，指的是使用计算机提取图像信息，决定每个图像的点是否属于一个图像特征。特征提取的结果是把图像上的点分为不同的子集，这些子集往往属于孤立的点、连续的曲线或连续的区域。降维是指通过线性或非线性映射，将样本从高维度空间映射到低维度空间，从而获得高维度数据的一个有意义的低维度表示过程。通过特征提取和降维，可以有效地进行信息综合及无用信息的摒弃，从而大大降低了计算的复杂程度，减少了冗余信息。如果一张小狗的图像通过特征提取和降维后，在尺寸缩小一半后还能被认出是一张小狗的照片，则说明这张图像中仍保留着小狗的最重要的特征。图像降维时去掉的信息只是一些无关紧要的信息，而留下的信息则是最能表达图像特征的信息。

卷积神经网络是一种特殊的深层神经网络模型，它的特殊性体现在两个方面：一方面，它的神经元的连接是非全连接的（局部连接或稀疏连接）；另一方面，同一层中某些神经元之间的连接的权值参数是共享的（相同的）。它的局部连接和权值参数共享的神经网络结构使之更类似于生物神经网络，从而降低了神经网络模型的复杂度，减少了权值参数的数量。同时，卷积神经网络是一种监督学习的机器学习模型，具有极强的适应性，善于挖掘数据局部特征，善于提取全局训练特征和分类，在模式识别各个领域都取得了很好的成果。

卷积神经网络在本质上是一种从输入到输出的映射，它能够学习大量的输入与输出之间的映射关系，只要用已知的训练集数据对卷积神经网络加以训练，神经网络就能够具有输入与输出之间的映射能力。

　　本书以图片识别为例，描述对小狗进行识别训练时的整个流程。当小狗的图片（数字化图像）被传输入卷积神经网络时，需要通过多次的卷积（Convolution）→池化（Pooling）运算，最后通过全连接层，输出为属于猫、狗等各个动物类别的概率，如图 5-16 所示。

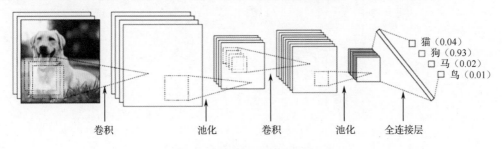

图 5-16　卷积神经网络基本结构

1. 卷积

　　卷积是指进行卷积操作，这也是卷积神经网络名字的由来。在了解卷积操作前，首先看如图 5-17 所示的图片。无论图中的"X"被怎样旋转或缩放，人眼都能很容易地识别出"X"。

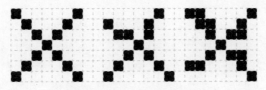

图 5-17　不同形状的"X"

　　但计算机则不同，它"看到"的其实是一个个的像素矩阵，如图 5-18 所示。对像素矩阵进行特征提取其实就是卷积操作要做的事情。

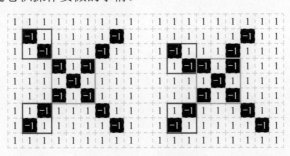

图 5-18　"X"的像素矩阵

　　仔细观察图 5-18 可以发现，"X"即使进行了旋转，但是方框标记的区间在两张图片中还是一致的，在某种程度上，这其实就是"X"的特征。因此可以将这 3 个特征的区间提取出来，假设提取的尺寸大小是 3 像素×3 像素，就形成了如图 5-19 所示的 3 个卷积核。

图 5-19　3 个卷积核

　　卷积核是如何进行卷积操作的呢？如图 5-20 所示，其实就是拿着卷积核在图片的矩阵上一步一步地平移，就像扫地一样。每扫到一处地方就进行卷积的运算，计算方法很简单，左上角的卷积核扫到黑色框的位置，则卷积核矩阵的数字首先就和扫到位置的矩阵的数字逐一对应相乘然后再相加，最后取均值，该均值就是卷积核提取的特征。

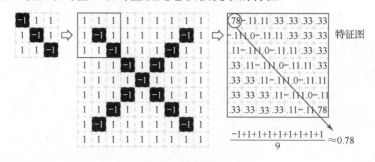

$$\frac{-1+1+1+1+1+1+1+1+1}{9} \approx 0.78$$

图 5-20　卷积操作

图 5-20 中卷积核的步长为 1，因此卷积核从左到右、从上到下依次提取所有的特征组成了一个长和宽变小的矩阵，这个矩阵又称特征图，如图 5-20 右侧的矩阵所示。使用不同的卷积核也就能提取出不同的特征图。可以想象的是，如果不断地进行卷积操作，那么图片的矩阵就会逐步缩小，矩阵厚度也会逐渐增加。

可以看到，卷积操作通过卷积核是可以分别提取图片特征的，但是如何提前知道卷积核呢？像如图 5-18 所示的例子，很容易可以找到 3 个卷积核。但是在进行人脸识别时，对成千上万个特征的图片，则无法提前知道什么是合适的卷积核的。其实也没必要知道，因为无论选择什么样的卷积核，都可以通过训练不断优化。初始时只需要随机设置一些卷积核，通过训练，模型自己就可以学习到合适的卷积核，这也是卷积神经网络模型强大的地方。

2. 池化

池化，也称下采样，其实就是对数据进行缩小。因为语音识别和人脸识别等，通过卷积操作可以得到成千上万个特征图，每个特征图都有很多像素点，在后续的运算时，时间会变得很长。池化就是对每个特征图进一步提炼的过程。如图 5-21 所示，原来 4 像素×4 像素的特征图经过池化操作之后就变成了更小的 2 像素×2 像素的矩阵。池化的常用方法有两种，一种是最大池化（Max Pooling），即在邻域内的特征点中取最大值作为最后的特征值；另一种是均值池化（Average Pooling），即取邻域内的特征点的平均值作为最后的特征值。

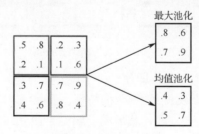

图 5-21　池化操作

3. 全连接层

通过不断的卷积和池化操作，就得到了样本的多层特征图，然后将最终得到的特征图排成一列，即将多层的特征映射拉直为一个一维的向量，形成全连接层，如图 5-22 所示。

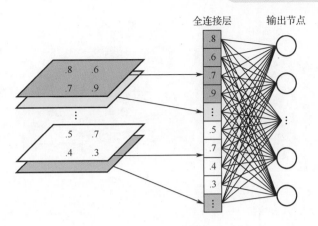

图 5-22 全连接层

全连接层中的每一个特征值与输出层的每一个节点相连接，打破了卷积特征的空间限制。再对卷积层获得的不同的特征进行加权运算，目的是得到一个可以区别于不同类别的得分或概率，这样就最终形成了卷积神经网络。

深度学习的优异能力主要归功于以下两点。

（1）深度网络有自动特征发现的潜质和特性。研究者发现，多于一个隐藏层的前馈网络有自动发现或创造设计者没有明确引入的特征的特性，而且隐藏层中的节点越多就可以发现或创造出越复杂的特征。因此，含有多个隐藏层的深度网络就可以从输入数据中学习更抽象的类别和更复杂的函数。

（2）采用"逐层训练、多级学习（抽象）"等技术技巧。"逐层训练、多级学习（抽象）"就是从最原始的输入数据开始，对网络各隐藏层逐级分别进行训练，将每一层所抽象出的特征作为下一层的输入，从而使所获得特征的级别逐层提高，直到从最后一个隐藏层抽象出级别最高的特征。例如，如图 5-23 所示就是由一个图像的原始数据通过逐层训练、多级学习（抽象）而得到的人脸图像。

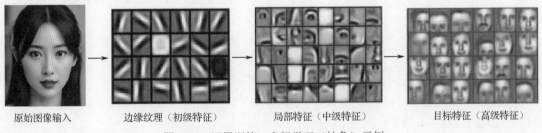

原始图像输入　　边缘纹理（初级特征）　　局部特征（中级特征）　　目标特征（高级特征）

图 5-23 逐层训练、多级学习（抽象）示例

从灵长类动物视觉皮层及其处理自然场景的机制来看，深度学习可以说是对人脑"感知—认知"过程的模拟。

4. 经典卷积神经网络 LeNet-5 模型

1998 年由科学家提出的用于对手写数字进行识别的 LeNet-5 模型是非常经典的模型，该模型是第一个被成功大规模应用的卷积神经网络，在 MNIST 数据集中的正确率可以高达99.2%，其网络结构如图 5-24 所示。

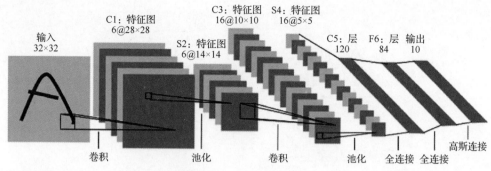

图 5-24　LeNet-5 网络结构

　　LeNet-5 卷积神经网络模型一共有 7 层，包含卷积层、池化层（下采样层）、全连接层等。首先需要把包含手写字符的原始图像处理成为 32 像素×32 像素的图像，并作为输入；后面的神经网络层采用卷积层和池化层交替分布的方式。

　　第一层（C1）是卷积层，分别采用了 6 个不同的卷积核，每个卷积核尺寸均为 5 像素×5 像素，对 32 像素×32 像素的输入数据进行纵向、横向步长均为 1 像素的卷积计算，得到 6 个 28 像素×28 像素的特征图，每个特征图中的 28 像素×28 像素个神经元共享这 25 个卷积核权值参数。

　　第二层（S2）是一个池化层，池化采样区域为 2 像素×2 像素，对 6 个特征图分别进行池化操作，得到 6 个 14 像素×14 像素的特征图。

　　第三层（C3）又是一个卷积层，这次采用了 16 个多层的 5 像素×5 像素的卷积核（可以认为是三维卷积核），得到 16 个 10 像素×10 像素的特征图，而且本层产生不同特征图数据的每个神经元并不是和 S2 层中的所有 6 个特征图连接，而是只连接其中某几个特征图，这样就可以让不同的特征图抽取出不同的局部特征。

　　第四层（S4)又是一个池化层，池化采样区域为 2 像素×2 像素，对 16 个 C3 的特征图分别进行池化处理，得到 16 个 5 像素×5 像素的特征图。

　　第五层（C5）是一个全连接层，由 120 个大小为 16 层的 5 像素×5 像素的不同三维卷积核组成。与上一层的 16 层（个）5 像素×5 像素的特征图卷积后，得到 120 个 1 像素×1 像素大小的特征图。

　　第六层（F6）则包含 84 个神经元，与 C5 进行全连接，每个神经元经过激活函数产生数据，输出给最后一层。

　　第七层是输出层。因为是对 10 个手写数字字符进行识别，输出层设置了 10 个神经元，这 10 个神经元分别对应手写数字字符 0、1、2、3、4、5、6、7、8、9 的识别，每个神经元的输出结果是其所对应手写数字字符的识别概率。

5.5.3　循环神经网络

　　循环神经网络（Recurrent Neural Network，RNN）是深度学习领域中一类特殊的内部存在自连接的神经网络，它是一类以序列（sequence）数据为输入，在序列的演进方向进行递归（recursion）且所有节点（循环单元）按链式连接的递归神经网络。

　　迈克尔·乔丹（Michael Jordan）和杰夫·埃尔曼（Jeff Elman）分别于 1986 年和 1990 年提出循环神经网络框架，称为简单循环网络（Simple Recurrent Network，SRN），被认为是目前广泛流行的循环神经网络的基础版本，之后不断出现的更加复杂的结构均可被认为是其变体或扩展。循环神经网络已经被广泛用于各种与时间序列有关的工作任务中。

1. 循环神经网络的结构

循环神经网络是一种对序列数据建模的神经网络,即一个序列当前的输出与前面的输出有关。循环神经网络会对前面的信息进行记忆并应用于当前输出的计算中,因此循环神经网络适合处理和预测序列数据。

循环神经网络的结构如图 5-25 所示。循环神经网络的主体结构 A 所做的事情都是一样的,因此图 5-25 中箭头左侧的部分可以展开成为箭头右侧部分的形式。

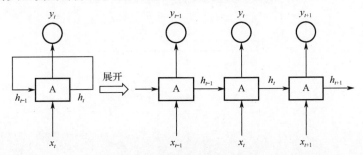

图 5-25　循环神经网络的结构

循环神经网络的结构是其中一个主体结构重复使用的结果,所以称为循环神经网络。与普通的神经网络相比,循环神经网络的不同之处在于,其隐藏层节点之间是有连接的,并且隐藏层的输入不仅包括输入层的数据,还包括上一时刻隐藏层的输出。这使得循环神经网络通过循环反馈连接保留前面所有时刻的信息,赋予了循环神经网络记忆的功能。这些特点使得循环神经网络非常适用于对时序信号进行处理。

循环神经网络的模块 A 在不同时刻的计算功能都是一样的,正如卷积神经网络在不同的空间位置共享权值参数一样,循环神经网络其实就是在不同时刻共享权值参数,从而大大减少了网络中需要学习的参数,因此能够使用有限的参数处理任意长度的序列。

从循环神经网络的结构特征可以看出,它适合解决与时间序列相关的问题。可以将一个序列中不同时刻的数据依次传入循环神经网络的输入层,而输出既可以是对序列中下一时刻的数据的预测,也可以是对当前时刻数据的处理结果。

循环神经网络可以往前看,获得任意多个输入值,即输出 y 与输入序列的前 t 个时刻都有关,这就造成了它有长期依赖的缺点。

2. 长短期记忆神经网络

解决循环神经网络长期依赖问题最有效的方法是进行有选择的遗忘,同时也进行有选择的更新。1997 年,塞普·霍赫莱特(Sepp Hochreiter)和于尔根·施密德胡贝尔(Jürgen Schmidhuber)提出的长短期记忆神经网络(Long Short Term Memory,LSTM)是循环神经网络的一种特殊类型。

所有循环神经网络都有一个重复结构的模型形式。在标准的循环神经网络中,重复的结构是一个简单的循环体,然而 LSTM 神经网络的循环体是一个拥有 4 个相互关联的全连接前馈神经网络的复杂结构,如图 5-26 所示。

LSTM 神经网络利用 3 个门(Gate)来管理和控制神经元的状态信息。LSTM 算法的第一步是用遗忘门(Forget Gate)确定从上一个时刻的状态中丢弃的信息;第二步是用输入门(Input Gate)确定哪些输入信息要保存到神经元的状态中;第三步是更新上一时刻的状态 C_{t-1} 为当前时刻的状态 C_t;第四步是用输出门(Output Gate)确定神经元的输出 h_t。总之,遗忘门决定的是先前步骤有关的重要信息，输入门决定的是从当前步骤中添加哪些重要信息，输出门决定的是下一个隐藏状态是什么。图 5-26 中的 σ 是 Sigmoid 函数，tanh 是双曲正切函数。

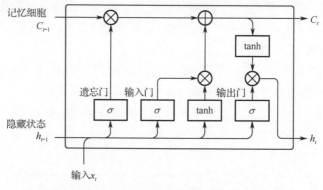

图 5-26　LSTM 神经网络结构的循环体

5.6　本章实训：体验神经网络可视化工具 Playground

Playground 是 Google 公司推出的一个对神经网络进行在线演示的实验平台，是一个非常直观的入门级的神经网络网站。这个图形化的平台非常强大，可以直接可视化神经网络的训练过程，同时也能让初学者对 TensorFlow 有一个感性的认识。

（1）在浏览器中打开 Google 公司的 Playground 在线演示平台，打开的主页面如图 5-27 所示，主要分为 DATA（数据集）、FEATURES（特征向量）、HIDDEN LAYERS（神经网络隐藏层）和 OUTPUT（观测结果）4 个部分。

微课：体验神经网络可视化工具 Playground

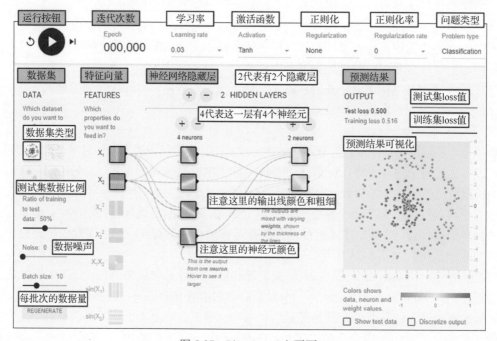

图 5-27　Playground 主页面

DATA 里提供了 4 种不同形态的数据，分别是圆形（Circle）、异或（Exclusive or）、高斯（Gaussian）和螺旋（Spiral）。平面内的数据分为蓝色和黄色两类。我们的目标就是通过神经网络，将这两种数据分类，可以看出螺旋形态的数据分类是难度最高的。除此之外，Playground 还提供了非常灵活的数据配置，可以调节噪声、训练数据和测试数据的比例及 Batch size（一次训练所选取的样本数）的大小。

FEATURES 包含了可供选择的 7 种特征：X_1、X_2、X_1^2、X_2^2、X_1X_2、$\sin(X_1)$、$\sin(X_2)$。X_1 是以横坐标分布（左右分布）的数据特征，X_2 是以纵坐标分布（上下分布）的数据特征，X_1^2 和 X_2^2 是非负的抛物线分布，X_1X_2 是双曲抛物面分布，$\sin(X_1)$和 $\sin(X_2)$是正弦分布。我们的目标就是通过这些特征的分布组合，将两类数据（蓝色和黄色）区分开，这就是训练的目的。

HIDDEN LAYERS 用于设置有多少隐含层。一般来讲，隐含层越多，衍生出的特征类型也就越丰富，分类的效果也会越好，但并不是隐含层越多就越好，因为隐含层的层数多了训练的速度就会变慢，同时收敛的效果也不一定会更好。层与层之间的连线表示权值，蓝色连线表示权值为正值；黄色连线表示权值为负值；连线越粗、颜色越深，则权值绝对值越大。权值会随着训练的进行而不断动态调整。把鼠标放在连线上就可以查看权值，也可以单击以进行修改。

OUTPUT 将输出的训练过程直接可视化，通过 Test loss 和 Training loss 来评估模型的好坏。

除这四个主要的部分外，在主页面上还有一列控制神经网络的参数，从左到右分别是运行按钮、迭代次数、学习率、激活函数、正则化、正则化率和问题类型。

（2）选择数据集为圆形（Circle），特征向量设置为 X_1 和 X_2，单击相应的"+""-"按钮，设置隐藏层为 1 层，设置隐藏层的神经元为 1 个，再单击运行按钮 ▶，开始迭代训练，当 Test loss 和 Training loss 的值不再变化时，单击暂停按钮 ⏸，结果如图 5-28 所示。通过结果可知，在迭代 1154 次后，使用单层单个神经元不能对训练数据进行区分。

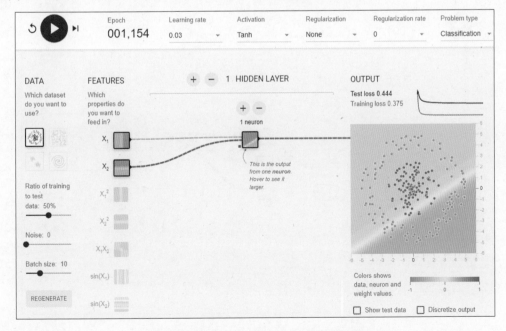

图 5-28 使用单层单个神经元对训练数据进行区分

（3）单击"+"按钮，再增加一个神经元，单击运行按钮 ▶，开始迭代训练，当 Test loss 和 Training loss 的值不再变化时，单击暂停按钮 ⏸，结果如图 5-29 所示。通过结果可知，在迭代 1127 次后，使用单层两个神经元仍然不能对训练数据进行区分。

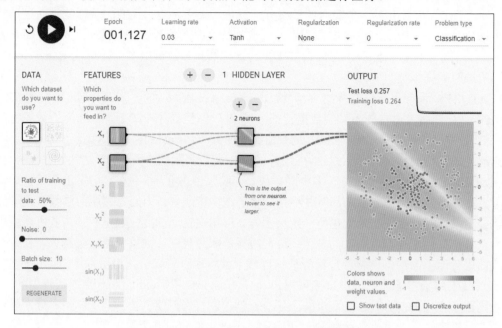

图 5-29　使用单层两个神经元对训练数据进行区分

（4）单击"+"按钮，再增加一个神经元，单击运行按钮 ●，开始迭代训练，当 Test loss 和 Training loss 的值不再变化时，单击暂停按钮 ⑩，结果如图 5-30 所示。通过结果可知，在迭代 1179 次后，使用单层三个神经元可以完美地对训练数据进行区分。

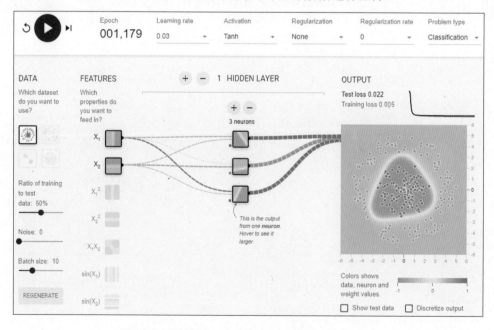

图 5-30　使用单层三个神经元对训练数据进行区分

（5）在系统初始化时，连接线的权值参数是由系统随机设置的实数，将鼠标置于第一条连接线的上方，可以看到权值参数的具体值（0.21），单击该连接线可以编辑权值参数，如图 5-31

所示。训练完成后，可再次查看第一条连接线的权值参数（–0.71），如图 5-32 所示。

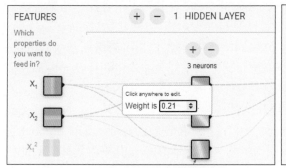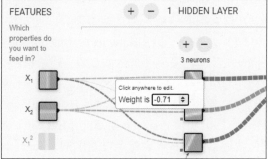

图 5-31　第一条连接线训练前的权值参数　　　　图 5-32　第一条连接线训练后的权值参数

在训练过程中，神经网络通过误差反向传播算法，不断动态调整连接线的权值参数，直到误差满足要求或学习次数达到要求为止。

（6）请读者选择数据集为异或（Exclusive or），自行设计隐藏层的层数和每层的神经元数，尝试对训练数据进行区分。

5.7　拓展知识：三位 AI 科学家荣获 2018 年图灵奖

2019 年 3 月 27 日，美国计算机协会（Association for Computing Machinery，ACM）发布消息，2018 年图灵奖颁给三位"深度学习之父"——约书亚·本吉奥（Yoshua Bengio）、杰弗里·辛顿（Geoffrey Hinton）和杨立昆（Yann LeCun），如图 5-33 所示，以表彰他们在人工智能深度学习领域做出的重大贡献。

图 5-33　三位"深度学习之父"

一、三人的主要成就

1. 杰弗里·辛顿（Geoffrey Hinton）的主要成就

（1）反向传播。1986 年辛顿与大卫·鲁梅尔哈特、罗纳德·威廉姆斯合著了论文《学习误差传播内部表示》（*Learning Internal Representations by Error Propagation*），辛顿证明神经网络反向传播算法可以发现神经网络自己内部表示的数据，使其可以用神经网络来解决问题。在这之前，这被认为是做不到的。反向传播算法是目前大多数神经网络的标准算法。

（2）玻尔兹曼机（Boltzmann Machines）。1983 年，辛顿与特伦斯·塞诺斯基（Terrence Sejnowski）一起发明了玻尔兹曼机，这是第一个能够学习不属于输入或输出的神经元内部表征的神经网络。

（3）卷积神经网络的改进。2012 年，辛顿和他的学生亚历克斯·克里日夫斯基（Alex Krizhevsky）和伊利亚·苏斯基弗（Ilya Sutskever）一起，利用校正的线性神经元和 dropout 正则化改进了卷积神经网络。在著名的 ImageNet 比赛中，辛顿和他的学生几乎将物体识别的错误率减半，重塑了计算机视觉领域。

2. 约书亚·本吉奥（Yoshua Bengio）的主要成就

（1）序列的概率模型。20 世纪 90 年代，本吉奥将神经网络与序列的概率模型相结合，如隐马尔可夫模型。这些想法被纳入 AT&T/NCR 用于阅读手写支票的系统，被认为是 20 世纪 90 年代神经网络研究的巅峰，现代深度学习语音识别系统正在扩展这些概念。

（2）高维词嵌入与注意力。2000 年，本吉奥发表了具有里程碑意义的论文《神经概率语言模型》（*A Neural Probabilistic Language Model*），引入高维词嵌入作为词的意义表示。本吉奥的见解对自然语言处理任务产生了巨大而持久的影响，包括语言翻译、问题回答和视觉问题回答。他的团队还引入了一种注意力机制，这种注意力机制在机器翻译方面取得了突破，成为深度学习顺序处理的关键组成部分。

（3）生成对抗网络。自 2010 年以来，本吉奥关于生成深度学习的论文，以及与恩·古德费洛共同开发的生成对抗网络（GANs），在计算机视觉和计算机图形学领域引发了一场革命。在这项工作的一个引人入胜的应用中，计算机可以创造原始图像。

3. 杨立昆（Yann LeCun）的主要成就

（1）卷积神经网络。早在 20 世纪 80 年代，杨立昆就已经开发了卷积神经网络（CNN）。CNN 的优势之一是提高了深度学习的效率。20 世纪 80 年代末，杨立昆在多伦多大学和贝尔实验室（Bell Labs）工作时，他是第一个训练卷积神经网络系统处理手写数字图像的人。如今，卷积神经网络已经成为计算机视觉、语音识别、语音合成、图像合成和自然语言处理领域的行业标准。卷积神经网络被广泛应用于各种应用中，包括自动驾驶、医学图像分析、声控助手和信息过滤。

（2）改进后的反向传播算法。杨立昆提出了早期版本的反向传播算法（backprop），并基于变分原理对其进行了清晰的推导。他的工作促进了反向传播算法的发展。

（3）拓宽神经网络的应用。杨立昆为神经网络的研究打开了更广阔的视野，并将其作为一种计算模型应用于广泛的任务中。他在早期的工作中，引入了一些 AI 中的基本概念。例如，在识别图像的背景下，他研究了如何在神经网络中学习分层特征表示——这一概念现在经常用于许多识别任务。他和莱昂·伯托一起提出了"学习系统可以被构建为复杂的模块网络"这个理念，这个理念被应用于每一个现代深度学习软件中。在这个模块网络中，反向传播通过自动分化来执行。他们还提出了能够操作结构化数据（如 graph）的深度学习体系结构。

二、关于图灵奖

图灵奖由美国计算机协会（ACM）于 1966 年设立，专门奖励那些对计算机事业做出重要贡献的个人。其名称取自计算机科学的先驱、英国科学家艾伦·图灵（Alan Turing）。

由于图灵奖对获奖条件要求极高，评奖程序又极严，一般每年只为一名计算机科学家颁奖，只有极少数年度有两名合作者或在同一方向做出贡献的科学家共享此奖。因此，图灵奖是计算机界最负盛名、最崇高的奖项，有"计算机界的诺贝尔奖"之称。ACM 在每年三、四月份评选上一年度的图灵奖。

图灵奖初期奖金为 20 万美元，1989 年起增加到 25 万美元，奖金通常由计算机界的一些大企业提供（通过与 ACM 签订协议）。目前，图灵奖由 Google 公司赞助，奖金为 100 万美元。

5.8　本章习题

一、单项选择题

1. 以下关于人工神经网络的描述正确的是（　　）。

A. 任何两个神经元之间都是有连接的

B. 前馈神经网络是带有反馈的人工神经网络

C. 带反馈的人工神经网络比不带反馈的人工神经网络高级

D. 神经元的激活函数具有多种形式，不同的激活函数的性能不同

2. 人工神经网络的导数增加会导致梯度消失，其本质原因是（　　）。

A. 各层误差梯度相加　　　　　　　　B. 各层误差梯度相减

C. 各层误差梯度相乘　　　　　　　　D. 误差趋于饱和

3. 以下关于深度学习的描述不正确的是（　　）。

A. 深度神经网络的层数多于浅层神经网络，具有更强的表达能力

B. 卷积神经网络可以不需要人工提取特征图

C. 深度学习是大数据时代的必然产物

D. 以上都不正确

4. 以下关于感知机的说法错误的是（　　）。

A. 单层感知机可以解决"异或"问题

B. 感知机分类的原理是通过调整权值参数，使两类样本经过感知机模型后的输出不同

C. 单层感知机只能针对线性可分的数据集分类

D. 学习率可以控制每次权值参数的调整力度

5. 卷积层的主要作用是（　　）。

A. 提取图像特征　　　　　　　　　　B. 降低输入维度

C. 解决梯度消失和梯度爆炸问题　　D. 进行某种非线性变换

6. （　　）使机器可以模仿人类的视听和思考等活动，解决了很多复杂的模式识别难题，从而推动人工智能相关技术取得很大进步。

A. 特征学习　　　　　　　　　　　　B. 深度学习

C. 简单学习　　　　　　　　　　D. 表示学习

7. 标志着第一个采用卷积思想的神经网络面世的是（　　　）。

A. LeNet　　　　　　　　　　　B. AlexNet

C. CNN　　　　　　　　　　　　D. VGG

8. 以下不属于神经网络组成部分的是（　　　）。

A. 输入层　　　　　　　　　　　B. 隐藏层

C. 输出层　　　　　　　　　　　D. 特征层

9. 不属于卷积神经网络典型术语的是（　　　）。

A. 全连接　　　　　　　　　　　B. 卷积

C. 递归　　　　　　　　　　　　D. 池化

10. 卷积神经网络（　　　）。

A. 只可以应用在图像识别领域

B. 大量使用在图像识别领域

C. 在自然语言处理领域表现最好

D. 可以解决任何问题

11. 以下关于卷积神经网络的说法中，错误的是（　　　）。

A. 卷积神经网络解决了参数量过大的问题

B. 卷积神经网络解决了无法有效激活的问题

C. 卷积神经网络保持了局部相关性和空间不变性

D. 卷积神经网络是一种神经网络

12. 深度学习的深度是指（　　　）。

A. 机器学习的能力比较强

B. 构成神经网络的输出层比较多

C. 构成神经网络的输入层比较多

D. 构成神经网络的隐藏层比较多

二、简答题

1. 简述 MP 模型的结构。

2. BP 神经网络的实现过程主要由哪两个阶段组成？这两个阶段分别做了哪些事情？

3. 卷积神经网络在网络结构上有什么特点？实现了什么功能？

4. 循环神经网络在网络结构上有何特点？它适合解决什么问题？

5. 简述什么是深度学习。

6. 简述什么是激活函数，以及激活函数的作用。

7. 对图像进行卷积运算，图像矩阵与卷积核分别如图 5-34 和图 5-35 所示，请给出按步长为 1 进行卷积后的特征图。

4	5	9	9	10
7	13	2	8	3
3	8	3	4	2
12	8	10	13	10
13	16	6	11	15

$$\begin{bmatrix} 0 & -1 & 0 \\ -1 & 5 & -1 \\ 0 & -1 & 0 \end{bmatrix}$$

图 5-34　图像矩阵　　　　　　　　　　　图 5-35　卷积核

8．对如图 5-36 所示的图像矩阵进行最大池化运算，采用 2 像素×2 像素大小的池化窗口，步长与池长窗口大小相同，请给出池化后的图像矩阵。

4	5	9	9
7	13	2	8
3	8	3	3
12	8	10	14

图 5-36　图像矩阵

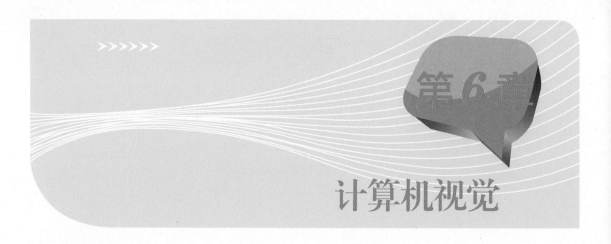

>>>>>> 第6章

计算机视觉

素养目标

● 通过学习计算机视觉相关知识，培养学生的科学精神，激发学生科技报国的情怀；
● 通过学习人工智能领域科技成果案例，加强爱国主义教育，增强民族自信心、自豪感；
● 通过学习计算机视觉应用，培养学生追求真理、勇攀科学高峰的责任感和使命感。

知识目标

● 掌握计算机视觉、图像处理、人脸识别的概念；
● 理解图像的基本原理、人脸识别应用的技术原理；
● 了解计算机视觉系统、人脸识别的一般步骤；
● 掌握人脸检测、人脸配准、人脸属性识别、人脸特征提取、人脸比对、人脸验证、人脸识别、人脸检索、人脸聚类、人脸活体检测等人脸识别基本技术；
● 了解人脸识别的应用。

能力目标

● 能够针对计算机视觉的具体应用功能，阐述其实现原理；
● 能够针对工作生活场景中的具体需求，提出计算机视觉技术的解决思路；
● 会使用图像处理技术、人脸识别技术。

→ 思维导图

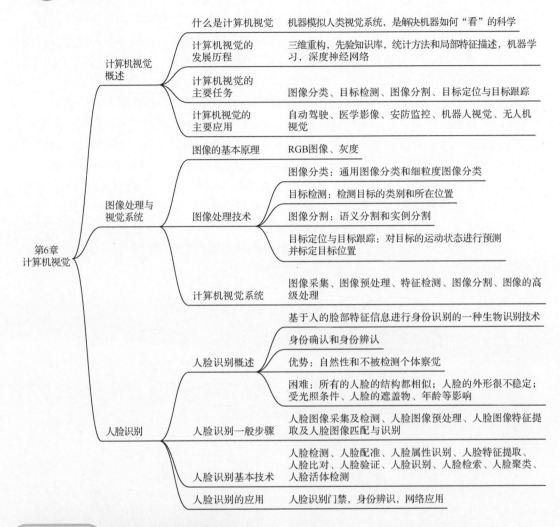

思维导图内容（文字）：

- 第6章 计算机视觉
  - 计算机视觉概述
    - 什么是计算机视觉：机器模拟人类视觉系统，是解决机器如何"看"的科学
    - 计算机视觉的发展历程：三维重构，先验知识库，统计方法和局部特征描述，机器学习，深度神经网络
    - 计算机视觉的主要任务：图像分类、目标检测、图像分割、目标定位与目标跟踪
    - 计算机视觉的主要应用：自动驾驶、医学影像、安防监控、机器人视觉、无人机视觉
  - 图像处理与视觉系统
    - 图像的基本原理：RGB图像、灰度
    - 图像处理技术
      - 图像分类：通用图像分类和细粒度图像分类
      - 目标检测：检测目标的类别和所在位置
      - 图像分割：语义分割和实例分割
      - 目标定位与目标跟踪：对目标的运动状态进行预测并标定目标位置
    - 计算机视觉系统：图像采集、图像预处理、特征检测、图像分割、图像的高级处理
  - 人脸识别
    - 人脸识别概述
      - 基于人的脸部特征信息进行身份识别的一种生物识别技术
      - 身份确认和身份辨认
      - 优势：自然性和不被检测个体察觉
      - 困难：所有的人脸的结构都相似；人脸的外形很不稳定；受光照条件、人脸的遮盖物、年龄等影响
    - 人脸识别一般步骤：人脸图像采集及检测、人脸图像预处理、人脸图像特征提取及人脸图像匹配与识别
    - 人脸识别基本技术：人脸检测、人脸配准、人脸属性识别、人脸特征提取、人脸比对、人脸验证、人脸识别、人脸检索、人脸聚类、人脸活体检测
    - 人脸识别的应用：人脸识别门禁，身份辨识，网络应用

6.1 计算机视觉概述

计算机视觉是研究如何让机器"看"的科学，是人工智能的主要应用领域之一。

人们或许没有意识到自己的视觉系统是如此的强大。婴儿在出生几个小时后就能识别出母亲的容貌；在大雾的天气，学生看见来人朦胧的身体形态，就能辨别出来人是否为自己的班主任；游客根据网上攻略的图片，就可以找到旅游目的地；乒乓球运动员根据对手细微的动作，就可以判别对手发球的方向。有实验证实，人们接收的信息中有 80% 以上来自视觉。倘若要让机器像人一样有视觉系统，就首先需要机器"看懂"图像。

6.1.1 什么是计算机视觉

为了让机器像人一样"看懂"图像，首先需要研究人类视觉系统。人类视

微课：什么是计算机视觉

觉系统包含眼球（接收光信号）、视网膜（将光信号转换为电信号，并传输到大脑）、大脑皮层（提取电信号中的有效特征，并引导人做出反应）。为了让机器模拟人类视觉系统，研究者用摄像头模拟眼球以获得图像信息；用数字图像处理模拟视网膜，并将模拟图像变成数字图像，以便让计算机能够识别；用计算机视觉模拟大脑皮层，并设计算法提取图像特征，以进行识别检测等任务。机器模拟人类视觉系统便是机器视觉，也称计算机视觉（Computer Vision，CV），是在解决机器如何"看"的问题。

计算机视觉是一门研究如何使机器"看"的科学，更直观地说，就是指用摄影机和计算机代替人眼，对目标进行识别、跟踪和测量等机器视觉，并进一步做图形处理，再用计算机将其处理成为更适合人眼观察或传送给仪器检测的图像。作为一门科学学科，计算机视觉研究相关的理论和技术，试图建立一个能够从图像或多维数据中获取"信息"的人工智能系统。

计算机视觉是从图像或视频中提取符号或数值信息，分析计算该信息以进行目标的识别、检测和跟踪等。更形象地说，计算机视觉就是让计算机像人类一样能够看到并理解图像。

计算机视觉是一个跨学科的领域，涉及的部分学科如图 6-1 所示。计算机视觉的应用非常广泛，有图像分类、目标检测、图像分割、人脸检测与识别、光学字符识别（OCR）等。

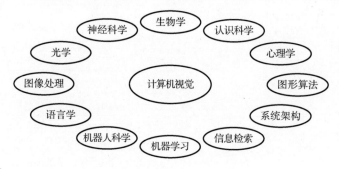

图 6-1　计算机视觉涉及的部分学科

6.1.2　计算机视觉的发展历程

"看"是人类与生俱来的能力。新出生的婴儿只需要几天的时间就能够模仿父母的表情，人们能从复杂结构的图片中找到关注重点，还能够在昏暗的环境下认出熟人。随着人工智能的发展，计算机视觉技术也试图在"看"的能力上匹敌甚至超越人类。

1966 年，人工智能学家马文·明斯基（Marvin Minsky）在给学生布置的作业中，要求学生通过编写一个程序，让计算机告诉人们它通过摄像头看到了什么，这也被认为是对计算机视觉最早的任务描述。

20 世纪七八十年代，随着现代电子计算机的发展，计算机视觉技术也开始逐步发展。人们开始尝试让计算机回答出它看到了什么事物，于是首先想到的是从人类看事物的方法中获得借鉴。

借鉴之一是当时人们普遍认为，人类能看到并理解事物，是因为人类通过两只眼睛可以立体地观察事物。因此要想让计算机理解它所看到的图像，就必须首先将事物从二维的图像中恢复出三维模型，这就是所谓的"三维重构"的方法。

借鉴之二是人们认为人之所以能够识别出一个苹果，是因为人们已经知道了苹果的先验知识，比如苹果是红色的、圆的、表面光滑的，如果给机器也建立一个这样的知识库，让机器将看到的图像与数据库里的储备知识进行匹配，就可以让机器识别乃至理解它所看到的事物，这是所谓的"先验知识库"的方法。

这一阶段的应用主要是光学字符识别、工件识别、显微图片/航空图片的识别等。

20 世纪 90 年代，计算机视觉技术取得了更大的发展，并开始广泛应用于工业领域。一方面原因是 CPU、DSP 等图像处理硬件技术有了飞速进步；另一方面是人们也开始尝试不同的算法，包括统计方法和局部特征描述符的引入。

进入 21 世纪，得益于互联网兴起和数码相机出现带来的海量数据，加之机器学习方法的广泛应用，计算机视觉迅速发展。以往许多基于规则的处理方式，都被机器学习所替代，计算机能够自动从海量数据中总结归纳物体的特征，然后进行识别和判断。

这一阶段涌现出了非常多的应用，包括典型的相机人脸检测、安防人脸识别、车牌识别等。

2010 年以后，借助深度学习技术，计算机视觉技术得到了爆发式增长和深度的产业化。通过深度神经网络，各类视觉相关任务的识别精度都得到了大幅提升。

在全球权威的计算机视觉竞赛(ImageNet Large Scale Visual Recognition Competition，ILSVR)上，比赛冠军的模型错误率在 2010 年和 2011 年分别为 28.20%和 25.80%，从 2012 年引入深度学习技术之后，后续 6 年分别为 16.40%、11.70%、6.70%、3.57%、2.88%、2.25%，出现了显著突破，识别错误率已经超过了人眼（5.10%），如图 6-2 所示。

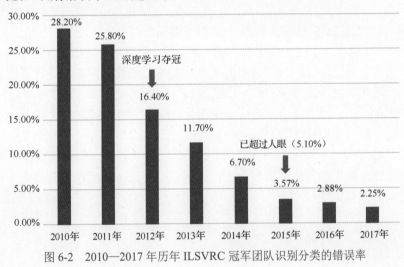

图 6-2　2010—2017 年历年 ILSVRC 冠军团队识别分类的错误率

6.1.3　计算机视觉的主要任务

计算机视觉是指用摄像机、计算机及其他相关设备，对生物视觉进行模拟。计算机视觉的主要任务是让计算机理解图片或视频中的内容，就像人类和许多其他生物每天所做的那样。

计算机视觉的图像处理技术主要有图像分类、目标检测、图像分割、目标定位与目标跟踪等。

（1）图像分类：将图像划分类别，如狗、猫、花等。这是计算机视觉最基本的任务。

（2）目标检测：在图像中检测不同的物体实例，并给出其边界框（位置和大小）和类别标签。这是计算机视觉领域最主要的研究方向之一。分类任务关心整体，给出的是整张图片的内容描述，而检测则关注特定的物体目标，要求同时获得这一目标的类别信息和位置信息。

（3）图像分割：将图像分割成不同的区域，并对每个像素赋予相应的类别标签，实现像素级的分类。这也是计算机视觉领域的重要研究内容。

（4）目标定位与目标跟踪：在视频序列中定位与追踪特定目标的运动轨迹。这一任务需要综合应用图像分类、目标检测和图像分割等技术。

6.1.4　计算机视觉的主要应用

计算机视觉技术已经在许多领域得到广泛应用，包括自动驾驶、医学影像、安防监控、机器人视觉、无人机视觉等。

（1）自动驾驶：将计算机视觉技术应用于检测车道线、交通信号、车辆和行人等方面，理解场景并做出响应，实现自动驾驶。该应用需要目标检测、目标定位与目标跟踪、图像分类和图像分割等技术，是计算机视觉应用的前沿与难点。

（2）医学影像：将计算机视觉技术应用于检测和诊断疾病等方面，分析 CT、MRI 等医学扫描图像，实现计算机辅助诊断等工作。该应用需要识别人体解剖结构、器官和病灶，对医疗资源与治疗方案的分配具有重要作用。

（3）安防监控：将计算机视觉应用于检测特定目标如人脸、车牌等方面，追踪并分析可疑目标，实现视频监控与警戒等工作。该应用需要在复杂场景下准确检测各类目标，并理解其活动规律，是智能安防的关键技术。

（4）机器人视觉：将计算机视觉应用于捕捉三维场景、建立环境地图、检测和识别各类对象等方面，为机器人的自主导航与操作提供视觉信息。该应用需要从图像序列中重建三维空间，在动态场景下定位自身与目标物体，是机器人技术的重要组成部分。

（5）无人机视觉：将计算机视觉用于探索环境、规划航线、避障和目标跟踪，实现无人机的自动驾驶与遥控。该应用需要通过分析空中图像，快速判断周围障碍与航线，准确锁定目标和计算自身位姿，对无人机操作具有关键作用。

计算机视觉还应用于手写体识别、产品质量检测、农业监测、车牌识别等其他领域。它的应用十分广泛，随着技术的发展其应用范围也在不断扩展，计算机视觉已成为一种通用技能，对各行各业都具有重要影响。

6.2　图像处理与视觉系统

6.2.1　图像的基本原理

如果将一幅图像放大，就可以看到它其实是由一个个的小格子组成的（灰度图），如图 6-3 所示。这幅图像中的每个小格子都是一个色块，这些小格子被称为像素。像素是组成图像的基本单元，图片是包含很多像素的集合。像素是图片中某个点的颜色，很多个像素点排列起来，就可以组成一个二维平面点阵，这就是图像。例如，计算机桌面背景的分辨率是 1920 像素×1080 像素，那么就意味着像素点有 1920 列、1080 行，共 1920×1080（=2073600）个像素。色彩空间的表达通常涉及 RGB 图像、灰度等概念。

在计算机中，灰度图中的像素通常用 0～255 的一个整数数字表示，0 表示黑色，255 表示白色，数字从 0 变到 255 表示颜色由黑变白的一个过程。颜色越黑则数字越接近 0，颜色越白则数字越接近 255，如图 6-4 所示。图 6-3 中像素的灰度值如图中右侧所示，数字越大颜色越接近白色，数字越小颜色越接近黑色。因此，可以对灰度值进行归一化处理，将分布于[0,255]区间的原始像素值归一化至[0,1]，也就是将 0 对应为 0，将 255 对应为 1，中间的数字按比例对应至 0～1。输入特征的标准化有利于提升分类算法的学习效率和性能。

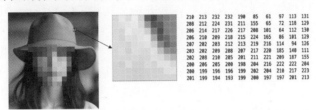

图 6-3　灰度图

图 6-4　灰度图中的像素值

在 RGB 的彩色空间中，红（Red）、绿（Green）、蓝（Blue）为三原色，其他颜色都可以由这三种颜色，按照不同的比例混合后生成。同样地，单色的可见光也可以被分解为这三种颜色的组合，这就是三原色原理，如图 6-5 所示。

可以使用三个整数数字来代表 RGB 彩色空间中的一个像素，如(0,100,200)，分别代表红色部分的颜色值为 0、绿色部分为 100、蓝色部分为 200。RGB 分别代表英文单词 Red、Green 和 Blue，其对应的取值范围都是 0～255，数值越大就表示颜色越纯。所以，RGB 像素不同的组合总数为：256×256×256=16777216 种颜色，其中(0,0,0)表示黑色，(255,255,255)表示白色。

图 6-5　三原色原理

RGB 图像又称三通道彩色图，分别对应红色、绿色和蓝色通道，每个通道的像素点的数值为 0～255，表示每一种颜色的强度，如图 6-6 所示。如果用灰度图相对应，就可以叫作单通道图。

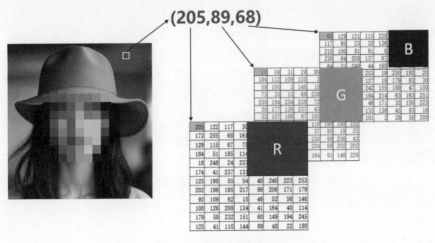

图 6-6　RGB 三通道彩色图

6.2.2 图像处理技术

计算机视觉的图像处理技术主要有图像分类、目标检测、图像分割、目标定位与目标跟踪等。

1. 图像分类

图像分类是计算机视觉领域的基础任务，也是应用比较广泛的任务。图像分类用来解决"是什么"的问题，如针对给定的图片，用标签描述图片的主要内容。

图像分类指的是根据各自在图像信息中所反映的不同特征，把不同类别的目标区分开来的图像处理方法。图像分类是计算机视觉的基础技术，也是图像检测、语义分割、实例分割、图像搜索等高级技术的基础。

图像分类可以分为通用图像分类和细粒度图像分类。通用图像分类主要解决识别图像中主体类别的问题，如识别图像中是猫还是狗，如图 6-7 所示；细粒度图像分类则解决如何将大类进行细分类的问题，如在狗这一类别下，识别其品种（如吉娃娃、泰迪、松狮、哈士奇等）。

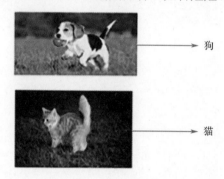

图 6-7　通用图像分类

图像分类的效果容易受视角、光照、背景、形变、部分遮挡等因素的影响，所以在现实工程中的实现难度仍然不小。

深度学习在图像分类中的应用以卷积神经网络为代表，主要通过监督的方法让计算机学习如何表达图片的特征。

目前，计算机视觉领域中大多数优秀的深度学习算法都需要大量的训练数据集，其中最为出名的便是 ImageNet。但在实际工程中，通常只拥有少量的数据样本。此时，如果从头训练（随机初始化神经网络参数），过拟合将是大概率事件。

图像分类在许多领域都有着广泛的应用。例如，安防领域的人脸识别和智能视频分析、交通领域的交通场景识别、互联网领域的基于内容的图像检索和相册自动归类、医学领域的医学影像识别等。图像分类问题面临很多挑战，如视点变化、尺寸变化、类内变化、图像变形、图像遮挡、照明条件和背景干扰等。

得益于深度学习的推动，当前图像分类的准确率大幅度提升。在经典的数据集 ImageNet 上，训练图像分类任务常用的模型包括 AlexNet、VGG、GoogleNet、ResNet、Inception V4、MobileNet、DPN（Dual Path Network）、SE-ResNeXt（Squeeze-and-Excitation ResNet Next）、ShuffleNet 等。

2. 目标检测

目标检测是最常见的计算机视觉的图像处理技术之一。目标检测用来解决　微课：目标检测

"在哪里"的问题，如输入一张图片，输出待检测目标的类别和所在位置的坐标（用矩形框的坐标值表示）。

目标检测采用算法判断图片中是否包含特定目标，并且在图片中标记该目标的位置，通常用边框或红色方框把目标圈起来。例如，查找图片中是否有猫，如果找到了，就把它框起来，如图 6-8 所示。目标检测和图像分类的区别是，目标检测侧重目标的搜索，而且检测的目标必须要有固定的形状和轮廓；图像分类的目标可以是任意对象，既可以是物体，也可以是一些属性或场景。

图 6-8　目标检测

对于人类来说，目标检测是一个非常简单的事情。然而，计算机能够"看到"的是图像被编码之后的数字矩阵，很难理解图像或视频中出现了人或物体这样的高层语义的概念，也就更加难以定位目标出现在图像中的哪个区域了。与此同时，由于目标会出现在图像或视频中的任意位置，并且目标的形态千变万化，且图像或视频的背景千差万别，诸多因素都使得目标检测对计算机来说是一个具有挑战性的技术。

目标检测是一项十分重要的计算机视觉的图像处理技术，很多应用，如目标定位与跟踪、图像分割等，都要基于目标检测，找不到目标就谈不上后续的处理。由此可见，目标检测是大多数计算机视觉系统的关键组成部分。

目标检测是一个困难的技术，影响其检测成功与否的因素太多，近二十年来，根据其发展历程，目标检测技术大致划分为两种技术，2014 年之前的传统目标检测技术和 2014 年之后的基于深度学习的目标检测技术。

（1）传统目标检测技术。

不同于分类任务，目标检测要用方框对识别的物体进行标记并判断其类别，方框中的图像要尽可能完整地包含待识别的物体。目标检测在进行分类和定位时几乎是同时完成的。传统目标检测技术基于传统图像处理和机器学习算法的目标检测技术，也称滑动窗口目标检测技术，如图 6-9 所示，该技术分为 3 个步骤。

① 使用不同大小的滑动窗口框住待测图像中的某一部分，以作为候选区域，并完成定位。

② 提取该候选区域相关的视觉特征，如人脸检测常用的 HOG 特征、Harr 特征等。

③ 使用训练完成的分类器进行分类，如常用的支持向量机模型（SVM）、AdaBoost（将弱学习器转换为强学习器的机器学习算法）、DMP（Deformable Part Model，可变形组件模型）等。

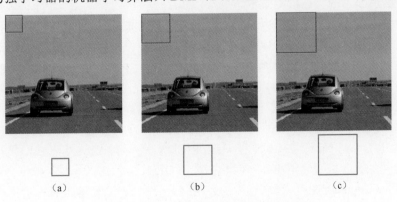

（a）　　　　　　　（b）　　　　　　　（c）

图 6-9　滑动窗口目标检测技术示意图

每次滑动窗口时，该技术都会对当前窗口执行事先训练好的分类算法，如果当前窗口得到较高的分类概率，则认为检测到了物体。在对不同大小的方框都进行检测后，会得到不同窗口检测到的物体标记，检测到物体的窗口被称为候选框。由于这些窗口存在重复的部分，因此需要通过计算两个窗口的交并比（Intersection over Union，IoU），采用非极大值抑制（Non-Maximum Suppression，NMS）的方法进行筛选，最终获得检测到的物体。

交并比用来描述两个方框的重合程度，交并比计算公式为：$IoU=(A \cap B) \div (A \cup B)$，即两个候选框覆盖区域的交集与并集的面积比。交并比越大，则说明两个候选框重合度越高。交并比可以用来评估检测结果和真实结果的差距，也可以用来衡量两个候选框之间的关系。两个候选框的交并集如图 6-10 所示。

（a）两个候选框　　　　　　（b）两个候选框的交集　　　（c）两个候选框的并集

图 6-10　两个候选框的交并集

所谓的非极大值抑制就是指，根据分类算法对候选框中预测到对象的概率排序，首先用最大概率候选框与其他候选框计算交并比，丢弃低于阈值的候选框。然后从没有被丢弃的候选框中找出最大概率候选框。重复上述操作，直到找到所有被保留下来的候选框。

在传统目标检测技术中，虽然有很多新的改进技术，但是传统目标检测技术始终有两个重要的缺陷。

① 使用滑动窗口策略进行区域选择时针对性不强，效率较低。

② 手动设计的特征对于目标的多样性并没有很好的健壮性。

深度学习的崛起使目标检测精度不断提升，因此基于深度学习的目标检测技术得到了广大研究者的关注，成为机器学习领域的热点之一。

（2）基于深度学习的目标检测技术。

基于深度学习的目标检测技术可表述为图像的特征提取与目标识别和定位，其用到的主要深度学习模型是卷积神经网络。2012 年，辛顿教授的团队利用卷积神经网络（CNN）设计了 AlexNet，使之在 ImageNet 问题上打败了所有使用传统目标检测技术的团队，CNN 因此成为计算机视觉领域最为重要的工具之一，并推动机器视觉研究进入了一个新的阶段。随后，基于 CNN 的目标检测技术也逐渐取代了传统目标检测技术。目前，可以将现有的基于深度学习的目标检测技术大致分为两类：一类为基于候选区域的目标检测技术，具有代表性的是 R-CNN、SPP-NET、Fast R-CNN、Faster R-CNN 和 Mask R-CNN 等；另一类为基于回归预测的目标检测技术，具有代表性的是 SSD、YOLO、YOLOv2、YOLOv3 等。

① R-CNN（Region-CNN，区域卷积神经网络），作为将深度学习引入目标检测技术的开山之作，在目标检测技术发展历史上具有重大意义。R-CNN 借鉴滑动窗口思想，采用对区域

进行识别的方案。针对输入的图像，R-CNN 借助图像的边缘、纹理、色彩、颜色变化等信息，采用选择性搜索算法（Selective Search），生成约 2000 个可能包含物体的候选区域。每个候选区域都被调整成为固定大小，并被送入一个预先训练过的 CNN 模型中，以用于提取特征（CNN 模型中的参数会在训练过程中进行微调）。将提取到的特征送入一个分类器中，预测候选区域中所含物体属于每个类别的概率。得到所有分类成功的区域后，通过非极大值抑制输出结果。由于候选区域对目标检测技术的成败起着关键作用，所以该技术就以 Region 首字母 R 加 CNN 进行命名。

② YOLO 是 You Only Look Once 的缩写，表示"你只看一次"，是指看一眼图像就能够知道有哪些对象及它们的位置。YOLO 将生成候选区域和识别这两个阶段合二为一，训练出一个看起来类似普通 CNN 的神经网络，因此能够直接得到包含边界框（物体所在位置的标记）和类别预测的输出。YOLO 也并没有完全去掉候选区，而是将输入图像划分为若干个网格，在每个网格中进行预测。将一幅图像输入到 YOLO 模型中后，首先将图像分成 7×7 的网格，如图 6-11 所示，每一个网格预测出 2 个物体边界框(x,y,w,h)及对应于每一个边界框的置信分数（概率），以用于表示网格包含物体（20 个类别）的准确度和产生的边界框精确的程度。最后的输出是一个 7×7×30 的张量。对于输入图像中的每一个对象，首先找到其中心点。比如，图 6-11 中的自行车，其中心点在圆点位置，中心点落在网格内，所以这个网格对应的 30 维向量中，自行车的概率是 1，其他对象的概率是 0。所有其他 48 个网格的 30 维向量中，该自行车的概率都是 0。这就是所谓的"中心点所在的网格对预测该对象负责"。该图中狗和汽车的分类概率也采用同样的技术。

图 6-11 YOLO 示意图

YOLO 对整张图片进行训练，检测速度非常快，精度也比较高，但是它也存在一些问题。YOLO 对相互靠得很近的物体、很小的群体的检测效果不好，这是因为一个网格中只预测了两个物体边界框，并且只属于某一类。

3. 图像分割

图像分割是计算机视觉领域技术的重要研究方向之一，它根据图片的灰度、颜色、结构和纹理等特征，将图像分成若干个具有相似性质的区域。与目标检测技术相比较，图像分割技术更适用于精细的图像识别、更加精确的目标定位，以及图像的语义理解。

图像分割是指将图像细分为多个图像子区域，使得图像更加易于理解和分析。图像分割主要用于定位物体的边界，即将每一像素进行分类，使得同一物体具有共同的类别和属性，即可展现出共同的视觉特性。对图像进行分割时一般会使用某种属性（灰度、彩色、空间纹理、几何形状等）的相似度量方法，使得同一个子区域中的像素在此技术的计算下都很相似，而不同区域中的像素则差异很大，即类内差异小、类间差异大。图像分割的初级操作就是将图像的前景和背景进行分割，前景一般包含大家关心的物体。例如，将包括人的区域与背景分割开。图像分割利用的是灰度值的不连续和相似的性质，不需要区分主体之间的差别。

图像分割技术的应用领域也非常广泛，包括医学影像、自动驾驶、交通控制、人脸识别、指纹识别等。

根据不同的分割粒度，图像分割可以分为语义分割和实例分割。

（1）语义分割。语义分割（Sematic Segmentation）需要预测出图像中的每一像素属于哪一类的标签，如某像素是属于人、羊、狗、车等。语义分割比目标检测预测的边框更加精细。

可以简单地将语义分割理解为：用一种颜色代表一个类别，用另一种颜色代表另外一个类别，将所有类别用不同颜色代表，然后在与原始图像对应大小的白纸上进行涂色操作（不能用白色代表类别），尽量让涂色的结果与原始图片表达的类别接近。

（2）实例分割。语义分割可以将不同类别的物体区别开来，而实例分割则是在语义分割的基础上，进一步区分出同一类中的不同的个体。

图像分类、目标检测、语义分割、实例分割的区别如图 6-12 所示。

（a）图像分类

（b）目标检测

（c）语义分割

（d）实例分割

图 6-12　图像分类、目标检测、语义分割、实例分割的区别

常见的图像分割技术有基于阈值的分割、基于边缘的分割、基于区域的分割（区域生长、区域分裂合并）和基于深度学习的分割等技术。在深度学习中，图像分割是一种端到端的像素级分类技术，就是给定一张图片，对图片上的每一像素进行分类，图像分割后的输出是一张分割图。

4. 目标定位与目标跟踪

图像分类技术解决了"是什么"的问题，如果还想知道图像中的目标具体在图像的什么位置，就需要用到目标定位与目标跟踪技术。

目标定位与目标跟踪的结果通常是以包围盒（Bounding Box）的形式返回的。目标定位与目标跟踪是指，在给定场景中跟踪感兴趣的具体一个对象或多个对象的过程。简单地讲，给出目标在跟踪视频第一帧中的初始状态（如位置、尺寸），自动估计目标物体在后续帧中的状态，如图 6-13 所示。目标定位与目标跟踪是利用图像序列的上下文信息，对目标的外观和运动信息进行建模，从而对目标的运动状态进行预测并标定目标位置。目标定位与目标跟踪技术是计算机视觉中的一个课题，具有重要的理论研究意义和应用价值，在智能视频监控系统、智能人机交互、智能交通和视觉导航系统等领域被广泛应用。

图 6-13　目标定位与目标跟踪

6.2.3　计算机视觉系统

计算机视觉系统是为完成视觉任务而构造的计算机系统，它由多个功能模块按照一定的结构组成，各模块之间互相联系，以保证根据一定的流程实现系统功能。计算机视觉系统根据系统结构的不同可分为多种功能模块，不同系统结构的功能模块组成不同，采用的处理技术也不相同。计算机视觉系统通常包含图像采集、图像预处理、特征检测、图像分割、图像的高级处理等功能模块，如图 6-14 所示。

图 6-14　计算机视觉系统

1. 图像采集

计算机视觉技术是以获取客观世界的图像为基础的。为了采集图像，需要使用特定的采集装置和设备，这里的装置和设备可以是各种光敏摄像机（见图 6-15）、遥感设备（见图 6-16）、X 射线断层摄影仪（见图 6-17）、雷达、超声波接收器等。基于不同的采集装置和设备，产生的图像可以是二维图、三维图或一个图像序列。

图 6-15　光敏摄像机

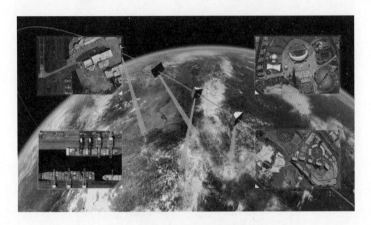

图 6-16　遥感设备

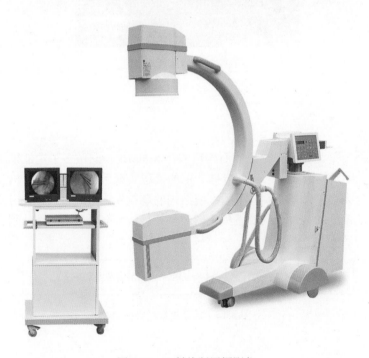

图 6-17　X 射线断层摄影仪

2. 图像预处理

采集图像后，为了更方便、更有效地获取其中的信息，提高后续加工的效率，需要对图像进行一定的预处理。一方面，图像在采集过程中有可能发生几何失真，因此为恢复场景和图像的空间对应关系，需要进行坐标变换。另一方面，在对图像进行处理前，对图像的幅度也需要进行一定的调整，以提高图像的视觉质量。另外，图像在采集过程中会受到噪声等干扰，因此需要消除这些干扰的影响。所以，图像预处理在计算机视觉系统中是不可或缺的。

对图像进行预处理可采用多种方法。首先，可借助坐标变换对出现的几何失真进行校正。其次，可直接利用调整图像灰度值的映射来增强图像。由于图像的视觉效果和其直方图（描述图像的统计特性）有对应关系，因此可借助对图像直方图（见图 6-18）的修正来改善视觉效果。最后，还可以考虑利用像素及其领域像素的性质对图像进行加工，利用像素的综合信息来获得更好的处理效果。

图 6-18　图像直方图

3. 特征检测

特征检测也称基元检测，是指检测图像中有显著特点的基本单元。通常，基元主要有边缘、角点、直线段、圆、孔、椭圆及其他兴趣点等（也包括它们的一些结合体）。对这些基元的检测是常见的工作。

相对来说，边缘是图像中比较底层的基元，是组成许多其他基元的基础。边缘是像素灰度值发生加速变化而不连续的结果。边缘检测结果如图 6-19 所示。

图 6-19　边缘检测结果

角点可被看作由两个边缘以接近直角相结合而构成的基元。直线段可被看作两个邻近又互相平行的边缘相结合而构成的基元。圆是一种常见的几何形状，圆周可被看作是将直线段弯曲、头尾相接而得到的。孔的形状与圆相同，但孔一般表示比较小的圆。椭圆可被看作圆的扩展，圆是椭圆的特例。

4. 图像分割

图像分割是指将感兴趣的目标区域从图像中分离并提取出来，也可看作特征检测的一种推广。

将目标从图像中分割出来有两种方法。一种方法是基于目标轮廓，即考虑该目标与图像其他部分的界限，如果能够确定目标轮廓，就可将目标与图像中的其他部分区分开。另一种方法是基于区域，即考虑所有属于目标区域的像素（包括边界和内容像素），如果能够确定每个属于目标的像素，就可获得完整的目标。

在基于目标轮廓的方法中，利用边缘检测方法可以检测出目标轮廓上的边缘点，将这些点看作目标的边界点，并在此基础上将这些边界点连接起来，就可获得目标轮廓，从而将目标分割出来。基于目标轮廓的方法也可以将目标进行分割，首先在全图中检测局部边缘点，然后再将边界点连接起来以构成目标边界。轮廓搜索技术将检测边缘点和连接边缘点结合进行，在检测的同时进行连接，最后获得目标轮廓，这种方法考虑了图像中边界的全局信息，在图像受噪声影响较大时仍可取得较鲁棒的分割结果。

5. 图像的高级处理

图像的高级处理有理解图像内容的含义，是计算机视觉中的高阶处理，主要工作是在图像分割的基础上再对分割出的图像块进行处理。图像的高级处理首先采用模式识别或机器学习方法，如利用卷积神经网络等算法，训练出合理的模型，然后再对目标进行识别、分类等操作。

6.3 人脸识别

人脸与人体的其他生物特征（指纹、虹膜等）一样是与生俱来的，它的唯一性和不易被复制的良好特性为身份鉴别提供了必要的前提。与其他类型的生物识别比较，进行人脸识别时，用户不需要和设备直接接触就能获取人脸图像，也不需要用户专门配合采集设备，几乎可以在无意识的状态下就可获取人脸图像，除此之外，人脸识别系统还有操作简单、结果直观、隐蔽性好等特点。因此，人脸识别系统广泛应用于信息安全、电子商务、基础设施、政府、军队、银行等相关领域。

6.3.1 人脸识别概述

微课：人脸识别

人脸识别（Face Recognition），是基于人的脸部特征信息进行身份识别的一种生物识别技术，简单来说就是，通过人的面部照片实现身份认证的技术。照片既可以通过相机拍照获得，也可以通过视频截图获得；既可以是配合状态下的正面照（如护照照片），也可以是非配合状态下的侧面照或远景照（如监控录像）。

人脸识别可细分为两种认证方式，一种认证方式是身份确认（Verification），另一种认证方式是身份辨认（Identification）。在身份确认中，计算机需要对两张人脸照片进行对比，以判断是否为同一个人。这一认证方式通常用于信息安全领域，如海关身份认证、ATM刷脸取款等。在身份辨认中，当给定一张目标人的面部照片时，人脸识别系统需要在一个庞大的照片数据库中进行搜索，找到与给定照片最相近的照片，从而判断目标人的身份。这一认证方式一般应用于公共安全领域，如刑侦领域的嫌疑人排查。

在实际应用中，可能需要同时用到身份确认和身份辨认两种认证方式。例如，在一个公司的门禁系统中，对一张待认证的人脸照片，首先需要搜索公司的所有员工的照片库，以找到匹配度最高的照片作为身份确认的候选照片，之后还需要判断这两张照片的匹配度是否超过了预设的阈值，只有超过该阈值，门禁系统才能打开。因此，这一系统同时包含了身份确认和身份辨认两种认证方式。

人脸识别系统的研究始于20世纪60年代。20世纪80年代后，人脸识别系统随着计算机技术和光学成像技术的推广而得到发展。而人脸识别系统真正进入初级应用阶段则在20世纪90年代后期，并且以美国、德国和日本的技术实现为主。人脸识别系统成功的关键在于尖端的核心算法，以及可实用化的识别率和识别速度。"人脸识别系统"集成了人工智能、机器识别、机器学习、模型理论、专家系统、视频图像处理等多种专业技术，同时需结合中间值处理的理论与实现，是生物特征识别的最新应用，其核心技术的实现展现了弱人工智能向强人工智能的转化。

在人脸识别技术领域，值得一提的是我国科学家——汤晓鸥。汤晓鸥（1968年1月—2023年12月），男，出生于辽宁省鞍山市，是我国人工智能领域的杰出代表，生前为香港中文大学信息工程学系教授，兼任中国科学院深圳先进技术研究院副院长、上海人工智能实验室主任，IJCV（计算机视觉国际期刊）首位华人主编，全球人脸识别技术的"开拓者"和"探路者"，商汤科技创始人。早在1992年，在美国麻省理工学院攻读博士学位的汤晓鸥就开始接触人脸识别的算法。获得博士学位后，他先后在香港中文大学和微软亚洲研究院工作，继续从事计算机视觉相关领域的研究工作。2001年，他创立了香港中文大学多媒体实验室。2014年3月，汤晓鸥团队发布研究成果——基于原创的人脸识别算法，其准确率达到98.52%，首次超越人眼识别能力（97.53%）。自2014年6月起，汤晓鸥实验室发表的DeepID系列算法，逐步将人脸识别的准确率提升至99.55%，开启了人脸识别行业技术落地的时代。2016年，汤晓鸥领军的中国人工智能团队，入选世界十大人工智能先锋实验室，成为亚洲地区唯一入选的实验室。2020年，汤晓鸥入选"人工智能全球2000位最具影响力学者榜"。

1. 人脸识别的优势

人脸识别的优势在于其自然性和不被检测个体察觉的特点。所谓自然性，是指该识别方式同人类（甚至其他生物）进行个体识别时所利用的生物特征相同。例如，人类也是通过观察和比较人脸以对身份进行区分和确认的。其他具有自然性的识别还有语音识别、体形识别等。

不被检测个体察觉的特点对于人脸识别方法也很重要，这会使该识别方法不令人反感，并且因为不容易引起人的注意而不容易被欺骗。人脸识别系统利用可见光获取人脸图像信息，而不同于指纹识别或虹膜识别，需要利用电子压力传感器采集指纹，或者利用红外线采集虹膜图像，这些特殊的采集方式很容易被检测个体察觉，从而更有可能被伪装所欺骗。

2. 人脸识别的困难

人脸识别的困难主要是由人脸作为生物特征的特点所造成的。在视觉特点上，首先，不同个体之间的区别不大，所有的人脸的结构都相似，甚至人脸器官的结构外形都很相似。这样的特点对于利用人脸进行定位是有利的，但是对于利用人脸区分人类个体是不利的。其次，人脸的外形很不稳定，人可以通过脸部的变化产生很多表情，而在不同观察角度，人脸的视觉图像也相差很大。另外，人脸识别还受光照条件（如白天和夜晚，室内和室外等）、人脸的遮盖物（如口罩、墨镜、头发、胡须等）、年龄等多方面因素的影响。

6.3.2 人脸识别一般步骤

让我们首先来回忆一下，人在识别一个访客身份时采取的基本步骤。首先，通过眼睛把该访客的整体形象印入脑海（图像采集）；再从这一整体形象中找到人脸的位置（人脸定位）；如果位置不正，则会努力调整角度，直到看到正面清晰的人脸（正规化）；接下来，需定位这张脸上的主要特征，如整体轮廓、双眼间距、鼻子形状等（特征提取），如图 6-20 所示；最后，会依据这些特征，在脑海中进行对比和搜索，最终从记忆中找到一张匹配度最高的人脸，从而确定访客的身份（模式匹配）。

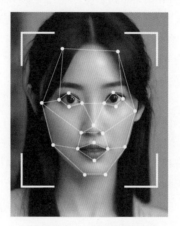

图 6-20　人脸特征提取

人脸识别一般可分为四个步骤：人脸图像采集及检测、人脸图像预处理、人脸图像特征提取及人脸图像匹配与识别，如图 6-21 所示。

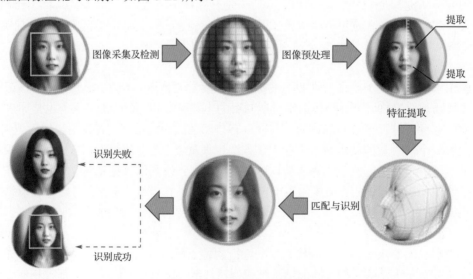

图 6-21　人脸识别一般步骤

1. 人脸图像采集及检测

不同的人脸图像都能通过摄像头被采集下来，如静态图像、动态图像，不同的位置、不同的表情等都可以得到很好的采集。当用户在采集设备的拍摄范围内时，采集设备会自动搜索并拍摄用户的人脸图像。

人脸检测在实际应用中主要用于人脸识别的预处理，即在图像中准确标定出人脸的位置和大小。人脸图像中包含的模式特征十分丰富，如直方图特征、颜色特征、模板特征、结构特征等。人脸检测就是把这其中有用的信息挑选出来，并利用这些特征实现人脸检测。

2. 人脸图像预处理

对于人脸的图像预处理是基于人脸检测结果，是对图像进行处理并最终服务于特征提取的过程。系统获取的原始图像由于受到各种条件的限制和随机干扰，往往不能直接使用，必须在图像处理的早期阶段对其进行灰度校正、噪声过滤等图像预处理。对于人脸图像而言，其预处理过程主要包括人脸图像的光线补偿、灰度变换、直方图均衡化、归一化、几何校正、滤波及锐化等。

3. 人脸图像特征提取

人脸识别系统可使用的特征通常分为视觉特征、像素统计特征、人脸图像变换系数特征、人脸图像代数特征等。人脸图像特征提取，也称人脸表征，它是对人脸的某些特征进行建模的过程。人脸图像特征提取的方法分为两种：一种是基于知识的表征方法；另一种是基于代数特征或统计学习的表征方法。

基于知识的表征方法主要是根据人脸器官的形状描述及它们之间的距离特性来获得有助于人脸分类的特征数据，其特征分量通常包括特征点间的欧氏距离、曲率和角度等。人脸由眼睛、鼻子、嘴、下巴等局部构成，对这些局部和它们之间结构关系的几何描述，可作为识别人脸图像的重要特征，这些特征被称为几何特征。基于知识的表征方法主要包括基于几何特征的方法和模板匹配法。

基于代数特征或统计学习的表征方法的基本思想是，将人脸在空域内的高维描述转化为频域或其他空间内的低维描述。基于代数特征的表征方法分为线性投影表征方法和非线性投影表征方法。基于线性投影的方法主要有主成分分析法或称 K-L 变换、独立成分分析法和 Fisher 线性判别分析法。非线性特征提取方法有两个重要的分支：基于核的特征提取技术和以流形学习为主导的特征提取技术。

4. 人脸图像匹配与识别

提取的人脸图像的特征数据与数据库中存储的特征模板进行搜索匹配时，首先设定一个阈值，当相似度超过这一阈值，则把匹配得到的结果输出。人脸识别系统需要将待识别的人脸特征与已得到的人脸特征模板进行比较，然后根据相似程度对人脸的身份信息进行判断。

此外，人脸识别系统包含活体鉴别环节，即区别识别的特征信号是否来自真正的生物体。

6.3.3 人脸识别基本技术

人脸识别基本技术主要有人脸检测、人脸配准、人脸属性识别、人脸特征提取、人脸比对、人脸验证、人脸识别、人脸检索、人脸聚类、人脸活体检测等。

（1）人脸检测。人脸检测是检测图像中人脸所在位置的一项技术，如图 6-22 所示。

图 6-22　人脸检测结果示例

人脸检测技术的输入是一张图片，输出是人脸框坐标序列（0 个人脸框、1 个人脸框或多个人脸框）。一般情况下，输出的人脸坐标框为一个正朝上的正方形，但也有一些人脸检测技术输出的是正朝上（无倾斜或旋转）的矩形，或者带旋转方向的矩形。

常见的人脸检测技术基本上是一个"扫描"加"判断"的过程，即在图像范围内扫描，再逐个判定候选区域是否为人脸。因此，人脸检测技术的计算速度与图像尺寸、图像内容有关。

（2）人脸配准。人脸配准是定位人脸上五官关键点坐标的一项技术，如图 6-23 所示。

图 6-23　人脸配准结果示例

人脸配准技术的输入是一张"人脸图片"和"人脸坐标框"，输出是五官关键点的坐标序列。五官关键点的数量是预先设定好的一个固定数值，可以根据不同的语义来定义（常见的有 5 个关键点、68 个关键点、90 个关键点等固定数值）。

当前效果较好的一些人脸配准技术基本上都是通过深度学习框架实现的，这些技术的特点是基于人脸检测的坐标框，按某种事先设定规则将人脸区域抠取出来，缩放到固定尺寸，然后进行关键点位置的计算。

（3）人脸属性识别。人脸属性识别是识别出人脸的性别、年龄、姿态、表情等属性值的一项技术，如图 6-24 所示。

一般的人脸属性识别技术的输入是一张"人脸图"和"人脸五官关键点坐标"，输出是人脸相应的属性值（如性别、年龄、表情等）。人脸属性识别技术一般会根据人脸五官关键点坐标，将人脸对齐（经过旋转、缩放、抠取等操作后，将人脸调整到预定的大小和形态），然后进行属性分析。人脸属性识别技术是对一类技术的统称，包括性别识别、年龄估计、姿态估计、表情识别等。当前，随着深度学习的应用，人脸属性识别技术已经逐步具有同时输出性别、年龄、姿态等属性值的能力。

（4）人脸特征提取。人脸特征提取是将一张人脸图像转化为一串固定长度的数值过程，这个数值串被称为人脸特征，能够表征一个人的人脸特点，如图 6-25 所示。

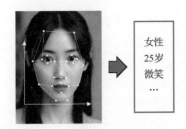

图 6-24　人脸属性识别结果示例

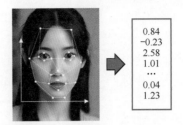

图 6-25　人脸特征提取结果示例

人脸特征提取技术的输入是一张"人脸图"和"人脸五官关键点坐标"，输出是对应的一个数值串（特征）。人脸特征提取技术会根据人脸五官关键点坐标，将人脸对齐至预定模式，然后计算特征。

近年来，深度学习基本统治了人脸特征提取技术。早期的人脸特征提取模型都较大，速度较慢，且仅使用于后台服务。但现在已经可以在基本保证效果的前提下，将模型大小和运算速度优化到移动端可用的状态。

（5）人脸比对。人脸比对是衡量两个人脸之间相似度的技术，如图 6-26 所示。

该技术的输入是两个人脸特征（人脸特征由人脸特征技术获得），输出是两个特征之间的相似度。人脸验证、人脸识别、人脸检索都是在人脸比对的基础上，增加一些算法策略来实现的。

基于人脸比对，可衍生出人脸验证、人脸识别、人脸检索、人脸聚类等技术。

（6）人脸验证。人脸验证是判定两张人脸图是否为同一个人的技术。它的输入是两个人脸特征，通过人脸比对获得两个人脸特征的相似度，并与预设的阈值进行比较，相似度大于阈值，则为同一个人；相似度小于阈值，则为不同的人，如图 6-27 所示。

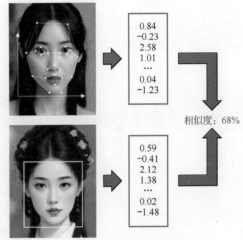

图 6-26　人脸比对过程

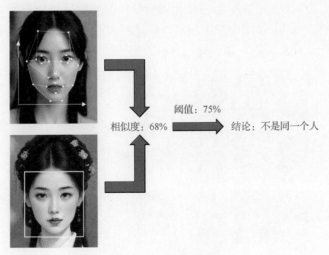

图 6-27　人脸验证过程

（7）人脸识别。人脸识别是通过识别输入人脸图以对应身份的技术。它的输入是一个人脸特征，通过与注册在库中 N 个身份对应的特征进行逐个对比，查找出一个与输入特征相似度最高的特征。将这个最高相似度值和预设的阈值进行比较，如果大于阈值，则返回该特征对应的身份；反之，则返回"不在库中"，如图 6-28 所示。

图 6-28　人脸识别过程

（8）人脸检索。人脸检索是查找与输入人脸图相似的人脸序列的技术。人脸检索是通过将输入的人脸图和一个集合中的所有人脸图进行比对，然后根据比对后的相似度对集合中的人脸图进行排序。根据相似度从高到低排序的人脸序列就是人脸检索的输出结果，如图 6-29 所示。

图 6-29　人脸检索过程

（9）人脸聚类。人脸聚类是将一个集合内的人脸图根据身份进行分组的技术。人脸聚类通过将集合内所有的人脸图两两比对，再根据比对后得出的相似度进行分析，将属于同一个身份的人脸图划分到同一个组里，如图 6-30 所示。在进行人工身份标注前，只知道划分到同一个组的人脸是属于同一个身份，但不知道确切身份。

图 6-30　人脸聚类过程

（10）人脸活体检测。人脸活体检测是判断人脸图是来自真人还是来自假体（照片、视频等）的技术，如图 6-31 所示。考虑到如果入侵者利用虚假人脸图对系统攻击成功，则极有可能对系统中的用户造成重大损失，因此需要开发可靠、高效的人脸活体检测技术，来守护现有人脸识别系统的信息安全。通常，用户在进行人脸活体检测时，系统每次都会从动作集（包括张嘴、眨眼、扬眉、微笑、摇头、点头等）中选择一种或若干种动作，随机指定用户完成动作的次数，并要求用户在规定的时间内完成。

　张嘴　　　　眨眼　　　　　左右摇头　　　　　上下点头

图 6-31　人脸活体检测

6.3.4　人脸识别的应用

1. 人脸识别门禁

人脸识别门禁通过人脸识别辨识试图进入者的身份。结合人脸识别技术、成熟的 ID 卡技术和指纹识别技术的门禁产品，可实现人脸、指纹和 ID 卡信息的采集，以及生物信息识别及门禁控制内外分离等功能。人脸识别门禁实用性高、安全可靠，可广泛应用于银行、军队、公检法、智能楼宇等重点区域的门禁安全控制，如图 6-32 所示。

图 6-32　人脸识别门禁

2. 身份辨识

国际民航组织已确定，从 2010 年 4 月 1 日起，其 118 个成员国家和地区，必须使用机读护照，人脸识别技术是首推识别模式，该规定已经成为国际标准。美国已经要求和该国有出入免签证协议的国家，在 2006 年 10 月 26 日之前必须使用结合了人脸、指纹等生物特征的电子护照系统。

身份辨识可在机场、体育场、超市等公共场所对人群进行监视，如在机场安装监视系统以防止恐怖分子登机。在银行的自动提款机上应用身份辨识时，可以避免发生用户卡片和密码被盗时他人冒取现金的情况。例如，人证识别比对系统可以准确进行身份辨识，如图 6-33 所示。

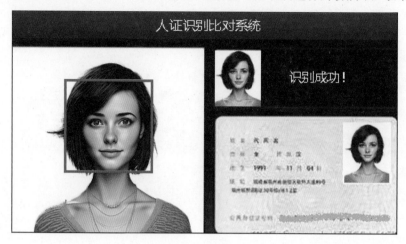

图 6-33　身份辨识

3. 网络应用

人脸识别技术的网络应用广泛。例如，利用人脸识别技术，辅助信用卡网络支付，以防止信用卡被冒用等，如图 6-34 所示。电子商务中的交易全部在网上完成，电子政务中的很多审批流程也都在线上完成。而当前，交易或审批的授权都是靠密码来实现的。如果密码被盗，则使用生物特征就可以实现当事人在网上的数字身份和真实身份统一，从而大大增加电子商务和电子政务系统的可靠性。

图 6-34　人脸识别辅助信用卡网络支付

随着信息技术飞速发展，人脸识别逐步渗透到人们生活的方方面面。人脸识别技术在诸多领域发挥着巨大作用的同时，也存在被滥用的情况。

2021年8月1日，《最高人民法院关于审理使用人脸识别技术处理个人信息相关民事案件适用法律若干问题的规定》（以下简称《规定》）正式实行。《规定》第十条第1款中专门规定："物业服务企业或者其他建筑物管理人以人脸识别作为业主或者物业使用人出入物业服务区域的唯一验证方式，不同意的业主或者物业使用人请求其提供其他合理验证方式的，人民法院依法予以支持。"根据这一规定，小区物业在使用人脸识别门禁系统录入人脸信息时，应当征得业主或者物业使用人的同意，对于不同意的，小区物业应当提供替代性验证方式，不得侵害业主或物业使用人的人格权益和其他合法权益。

2023年8月8日，为规范人脸识别技术应用，保护个人信息权益及其他人身和财产权益，维护社会秩序和公共安全，国家网信办发布《人脸识别技术应用安全管理规定（试行）（征求意见稿）》，并向社会公开征求意见。

6.4　本章实训：体验百度人脸检测与属性分析

下面以百度 AI 开放平台人脸检测与属性分析为例，进行人脸检测与识别。

微课：体验百度人脸检测与属性分析

（1）在浏览器中打开百度人脸检测与属性分析页面，选择"功能演示"，单击区域中的一张图片，即可显示人脸检测结果，检测出的人脸被矩形框住，如图6-35所示。

图6-35　百度AI人脸检测

（2）人脸检测与属性的结果在页面右侧显示，如人脸数量（face_num）、人脸列表（face_list）、人脸标识（face_token）、人脸位置（location）、人脸检测结果的可靠性（face_probability）、人脸倾角（angle）、年龄（age）、表情（expression）、性别（gender）等。

（3）可输入网络图片 URL 或上传本地图片进行检测，请读者自行练习。

6.5 拓展知识：人机大战，百度 AI 以 3∶2 战胜"最强大脑"王峰

2017 年 1 月 6 日，在江苏卫视播出的节目"最强大脑"第四季中，吴恩达率队的百度人工智能机器人"小度"，在人脸识别跨年龄识别任务中以 3∶2 的比分战胜"最强大脑"名人堂轮值主席、世界记忆大师王峰。

"小度"和王峰的"决战"分为两轮，第一轮，嘉宾从 20 张"蜜蜂少女队"成员童年照中挑出 3 张高难度照片，选手通过动态录像表演，将所选童年照和在场的成年少女相匹配。第二轮，人机共同观察一位 30 岁以上的观众，随后将他从 30 张小学集体照中找出。

根据节目组的安排，"小度"和王峰第一轮需要识别两个对象。在对第一个对象进行识别时，王峰和"小度"都答对了。在对第二个对象进行识别时，现场出现了一个事先预想不到"状况"："小度"为一个对象给出了两个匹配答案，这让现场嘉宾大为困惑。查证后才发现，原来是识别对象群组中有一对双胞胎，"小度"经过识别后，给出了 72.98% 和 72.99% 两个非常接近的答案。最后，吴恩达现场选择 72.99% 的照片，匹配正确。在这一环节，王峰识别错误。在第一轮比赛中，"小度"得 1 分，王峰得 0 分。第二轮比赛，双方都成功识别出照片中的人，均得 2 分。最终，"小度"以 3∶2 的比分赢得了第一场比赛。

对于这场比赛险胜的意义，百度首席科学家吴恩达表示，世界顶级的科学家也只能理解人脑运作机制的一部分，百度人工智能算法对人脑的参考较少，更多是基于数据分析和深度学习，"人脸识别，对于哪怕是世界上最先进的 AI 技术也是非常困难的。"

为了达到与人类相似的水平，百度大脑学习了 2 亿张图片，主要包括网上公开的人脸照片、视频影像资料、第三方版权购买内容及一些向大众公开征集的人像照片。

一般而言，在跨年龄阶段人脸识别中，类内变化通常会大于类间变化，这就造成了人脸识别的巨大困难。同时，跨年龄的训练数据难以收集。由于没有足够多的数据，因此基于深度学习的神经网络很难学习到跨年龄的类内和类间变化。

基于上述第一点，百度深度学习试验室的人脸团队选择用度量学习的方法，即通过学习一个非线性投影函数，把图像空间投影到特征空间中。在这个特征空间里，跨年龄的同一个人的两张人脸的差异会比不同人的相似年龄的两张人脸的差异要小。针对第二点，考虑到跨年龄人脸的稀缺性，百度深度学习实验室以一个大规模人脸数据训练的模型为基础，利用跨年龄数据进行不断更新，以避免出现过拟合的问题。

吴恩达称："小度不仅代表百度人工智能，更代表中国。这次人机大战是百度大脑第一次出现在公开场合的比赛。"

6.6 本章习题

一、单项选择题

1. 视觉是人类获得信息最多的感官来源，有实验证实，视觉所获得的信息占人类获得信

息的（　　）以上。

A．60%　　　　　　B．70%　　　　　　C．80%　　　　　　D．90%

2．一幅灰度级均匀分布的图像，其灰度范围区间为（0，255）。若该图像中某个像素点的灰度值为127，则该灰度值经归一化处理后应为（　　）。

A．0　　　　　　　B．0.5　　　　　　C．1　　　　　　D．127

3．以下选项中，不属于计算机视觉的图像处理技术的是（　　）。

A．分类　　　　　　B．定位　　　　　　C．目标检测　　　　D．图像压缩

4．以下关于图像分类特点的描述中，错误的是（　　）。

A．图像分类具有局限性

B．通过机器替代人来实现图像分类，能够在一定程度上减少错误和缺陷

C．在任何场景下，机器进行图像识别的准确率都高于人类

D．在一定程度上能够减轻人类的负担

5．以下不属于图像分类应用的是（　　）。

A．车牌识别　　　　　　　　　　　B．机器翻译

C．医疗影像诊断　　　　　　　　　D．工业瑕疵诊断

6．（　　）是检测图像中人脸所在位置的一项技术。

A．人脸检测　　　　　　　　　　　B．人脸配准

C．人脸属性识别　　　　　　　　　D．人脸特征提取

7．（　　）是定位人脸上五官关键点坐标的一项技术。

A．人脸检测　　　　　　　　　　　B．人脸配准

C．人脸属性识别　　　　　　　　　D．人脸特征提取

8．通过比对两张人脸图的特征相似度（　　）阈值，即可判定两张人脸图是否属于同一个人。

A．大于　　　　　　B．等于　　　　　　C．小于　　　　　　D．不相关

9．（　　）将输入的人脸图和一个集合中的所有人脸图进行比对，根据比对后的相似度对集合中的人脸进行排序。

A．人脸比对　　　　B．人脸聚类　　　　C．人脸验证　　　　D．人脸检索

10．人脸认证系统容易受到各种手段的欺骗，如用偷拍的照片假冒真人等，所以（　　）检测技术的研究显得异常重要。

A．人脸比对　　　　B．人脸活体　　　　C．人脸验证　　　　D．人脸提取特征

二、简答题

1．什么是计算机视觉？

2．计算机视觉的图像处理技术主要有哪些？

3．简述人脸识别的基本流程。

4．请列举在生活中三种以上图像分类的应用场景。

第7章

自然语言处理

→ 素养目标

● 通过学习自然语言处理，培养学生不怕困难、勇于攻关、自强不息的科学精神；

● 通过学习百度、科大讯飞、搜狗等公司在机器翻译、语音识别等领域的科技成果案例，培养学生的爱国情怀，增强民族自信心和自豪感；

● 通过学习自然语言处理系统的应用，培养学生追求真理、勇攀科学高峰的责任感和使命感。

→ 知识目标

● 了解自然语言处理的概念、发展历程和应用；

● 掌握自然语言处理的构成；

● 熟悉自然语言处理的一般流程：语料获取、语料预处理、特征工程、模型训练和模型评价；

● 熟悉自然语言理解的层次：语音分析、词法分析、句法分析、语义分析和语用分析；

● 了解机器翻译的基本原理、方法及应用；

● 了解语音识别的定义、发展历程及应用；

● 了解语音合成的概念及应用。

→ 能力目标

● 能够针对自然语言处理具体的应用功能，阐述其实现原理；

● 能够针对工作生活场景中的具体需求，提出自然语言处理技术解决思路；

● 会使用百度在线翻译、科大讯飞 AI 等工具。

→ 思维导图

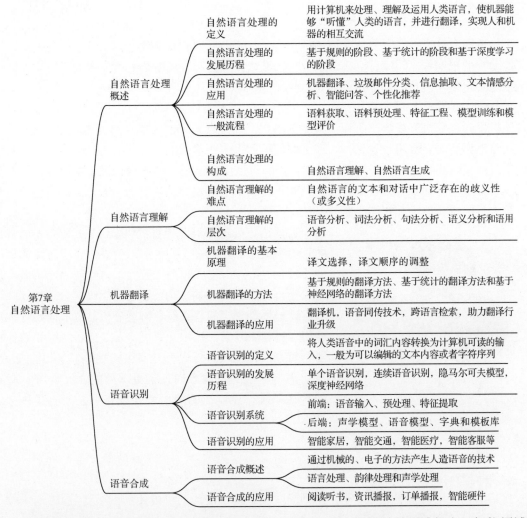

自然语言处理（Natural Language Processing，NLP）是计算机科学领域与人工智能领域中的一个重要研究方向。它研究人与计算机之间用自然语言进行有效通信的各种理论和方法。自然语言处理涉及自然语言，即人们日常使用的语言，所以它与语言学的研究既有密切的联系，但又有重要的区别。自然语言处理并不是单纯地研究自然语言，而是研制能够有效实现自然语言通信的计算机系统，特别是其中的软件系统。因此，自然语言处理是计算机科学研究的一部分。

7.1 自然语言处理概述

语言是人类区别于其他动物的本质特性。人类的多种智能都与语言有着密切的关系。人类的逻辑思维以语言为形式，人类的绝大部分知识也是以语言文字的形式记载和流传下来的。因而，语言也是人工智能的一个重要，甚至核心的部分。

7.1.1 自然语言处理的定义

自然语言是指汉语、英语、法语等人们日常使用的语言，是 微课：什么是自然语言处理
自然而然地随着人类社会发展演变而来的语言，是人类沟通和交流的重要工具，也是人类区别
于其他动物的根本标志，没有语言，人类的思维就无从谈起。在整个人类发展的历史中，以语
言文字形式记载和流传的知识占到知识总量的 80%以上。

自然语言处理是指用计算机来处理、理解及运用人类语言（如中文、英文），其技术目标
就是使机器（计算机）能够"听懂"人类的语言，并进行翻译，实现人和机器的相互交流。

用自然语言与计算机进行通信，这是人们长期以来所追求的目标。因为，这一目标既有明
显的实际意义，同时也有重要的理论意义：人们可以用自己最习惯的语言来使用计算机，而无
须再花费大量的时间和精力去学习不自然和不习惯的各种机器（计算机）语言；人们也可进一
步了解人类的语言能力和智能机制。

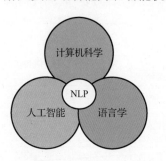

图 7-1　自然语言处理是一门交叉学科

自然语言处理是涉及计算机科学、人工智能和语言学
的一门交叉学科，如图 7-1 所示，主要研究如何让计算机
能够理解、处理、生成和模拟人类语言的能力，从而实现
与人类进行自然对话的能力。通过自然语言处理技术，可
以实现机器翻译、问答系统、情感分析、文本摘要等多种
应用。随着深度学习技术的发展，人工神经网络和其他机
器学习方法已经在自然语言处理领域取得了重要的进展。
自然语言处理的发展方向包括更深入的语义理解、更好
的对话系统、更广泛的跨语言处理和更强大的迁移学习
技术。

7.1.2 自然语言处理的发展历程

自然语言处理的发展经历了基于规则的阶段、基于统计的阶段和基于深度学习的阶段。

1. 基于规则的阶段

最早的自然语言处理方面的研究工作是机器翻译。1949 年，美国的瓦伦·威弗（Warren
Weaver）首先提出了机器翻译设计方案。1952 年，第一次机器翻译会议在美国麻省理工学院
召开。1954 年，第一次机器翻译试验取得了成功，并第一次向人们展示了机器翻译的可行性，
同时激发了政府资助机器翻译的兴趣。

20 世纪 50 年代至 70 年代，自然语言处理的研究主要采用基于规则的技术，研究人员认
为自然语言处理的过程就是人类认知一门语言的过程。基于规则的技术利用人类的知识，不依
赖数据，可以快速起步，但其具有不可避免的缺点：①规则不可能覆盖所有语句；②对研究人
员的要求较高，要求研究人员既要熟悉计算机，又要熟悉语言学，因此该阶段虽然解决了一些
简单的问题，但无法从根本上解决实际问题并得到应用。

2. 基于统计的阶段

自 20 世纪 70 年代以来，随着互联网的快速发展及硬件的不断完善，基于统计的方法代替
了基于规则的方法。20 世纪 70 年代，基于隐马尔可夫模型（Hidden Markov Model，HMM）

的统计方法在语音识别领域获得成功。20 世纪 80 年代初，话语分析取得了重大进展。20 世纪 90 年代以后，随着计算机性能的不断提升，语音和语言处理的商业化开发成为可能。网络技术的发展和 Internet 的商业化，使信息检索和信息抽取的需求变得更加迫切。基于统计、实例及规则的语料库技术在该时期得到蓬勃发展，各种处理技术开始融合，自然语言处理的研究又开始兴旺起来。在该阶段，自然语言处理基于数学模型和统计的方法取得了实质性突破，从实验室走向实际应用。

3. 基于深度学习的阶段

从 2008 年至今，深度学习开始在语音识别和图像识别领域发挥威力，自然语言处理研究者开始用深度学习的方法进行研究，在机器翻译、阅读理解、问答系统等领域取得了一定成功。

深度学习是一个多层的神经网络，从输入层开始，经过逐层非线性的变化得到输出。深度学习从输入层到输出层做端到端的训练，准备输入层到输出层的数据，设计并训练一个神经网络，即可执行预想的任务。目前，循环神经网络是自然语言处理最常用的方法之一。在深度学习时代，神经网络能够自动从数据中挖掘特征，人们得以从复杂的特征中脱离出来，专注于模型算法本身的创新及理论的突破，深度学习已经从一开始的机器翻译领域，逐渐扩展到其他领域。

7.1.3 自然语言处理的应用

自然语言处理在机器翻译、垃圾邮件分类、信息抽取、文本情感分析、智能问答、个性化推荐等方面都有广泛的应用。

1. 机器翻译

机器翻译，又称自动翻译，是利用计算机将一种自然语言（源语言）转换为另一种自然语言（目标语言）的过程。机器翻译是计算语言学的一个分支，是人工智能的终极目标之一，具有重要的科学研究价值。机器翻译是一门涉及计算机语言学、人工智能和数理逻辑的交叉学科。

目前，文本翻译最为主流的工作方式依然是以传统的机器翻译和神经网络翻译为主。Google、Microsoft、百度与有道等公司都为用户提供了免费的在线多语言翻译系统。速度快、成本低是文本翻译的主要特点，而且文本翻译的应用范围广泛，不同行业都可以选用相应的专业的文本翻译。但是，这一翻译过程是机械的和僵硬的，在翻译过程中会出现很多语义和语境上的问题，仍然需要人工翻译来进行补充。

语音翻译可能是目前机器翻译中比较富有创新意识的领域，目前百度、科大讯飞、搜狗等公司推出的机器同声传译技术主要应用于会议场景中，演讲者的语音被实时转换成文本，并且被同步翻译，翻译结果低延迟显示。希望在将来，这一技术能够取代人工同声传译，使人们以较低成本实现不同语言之间的有效交流。

2. 垃圾邮件分类

当前，垃圾邮件过滤器已成为抵御垃圾邮件问题的第一道防线。但是人们在使用电子邮件时还是会遇到如下一些问题：不需要的电子邮件仍然会被接收，或者重要的电子邮件会被过滤掉。事实上，判断一封邮件是否是垃圾邮件，首先用到的方法是"关键词过滤"，如果邮件中存在常见的垃圾邮件关键词，就会被判定为垃圾邮件。但这种方法的效果很不理想，首先是正常邮件中也可能有这些关键词，因此非常容易产生误判；其次是垃圾邮件也会进化，通过将关键词进行变形，很容易规避关键词过滤。

自然语言处理通过分析邮件中的文本内容，能够相对准确地判断邮件是否为垃圾邮件。目前，贝叶斯（Bayesian）垃圾邮件过滤器是备受关注的技术之一。该技术通过学习大量的垃圾邮件和非垃圾邮件，收集邮件中的特征词，生成垃圾词库和非垃圾词库，然后根据这些词库的统计频数计算邮件属于垃圾邮件的概率，以此来进行垃圾邮件的判定。

3. 信息抽取

信息抽取（Information Extraction，IE）是把文本里包含的信息进行结构化处理，变成表格一样的组织形式，如图 7-2 所示。信息抽取系统输入的是原始文本，输出的是固定格式的信息点。信息点从各种各样的文档中被抽取出来，然后以统一的形式集成在一起，这就是信息抽取的主要任务。信息以统一的形式集成在一起的好处是方便检查和比较。信息抽取技术并不试图全面理解整篇文档，只是对文档中包含相关信息的部分进行分析，至于哪些信息是相关的，则由设计系统时规定的领域范围而定。

警情案件文本

盗窃
2020年04月22日18时许，张某某（公民身份号码：110234197809××××××，联系电话：1341236××××）报傍晚散步回到××区××北路23号花园小区2号楼406家中，发现自己家门被撬，放在卧室衣柜里的2000余元人民币、14条黄金项链、黄金手镯、黄金手链被盗，同时丢失的还有1部iPhone11手机，被盗物品总价值约170000元人民币。

信息抽取

字段	内容
报案时间	2020年04月22日18时
作案特征	暴力开锁
作案手段	家门被撬
案发时间	傍晚
案发地址	××区××北路23号花园小区2号楼406
损失物品	2000余元人民币、14条黄金项链、黄金手镯、黄金手链、1部iPhone11手机
损失金额	约170000元人民币

图 7-2　信息抽取

互联网是一个特殊的文档库，同一主题的信息通常被分别存放在不同的网站上，表现的形式也各不相同。利用信息抽取技术，可以从大量的文档中抽取需要的特定信息，并采用结构化形式储存。优秀的信息抽取系统将把互联网变成巨大的数据库。例如，在金融市场上，许多重要决策正逐渐脱离人类的监督和控制，基于算法的交易变得越来越流行，这是一种完全由技术控制的金融投资形式。由于很多决策都受到公告的影响，因此需要用自然语言处理技术来获取这些明文公告，并以一种可被纳入算法交易决策的格式提取相关信息。例如，公司之间合并的消息可能会对交易决策产生重大影响，将合并细节（包括参与者、收购价格）纳入交易算法中，可以给决策者带来巨大的利润影响。

4. 文本情感分析

文本情感分析又称意见挖掘、倾向性分析等。简单而言，文本情感分析是对带有情感色彩的主观性文本进行分析、处理、归纳和推理的过程。互联网（如博客、论坛及社会服务网络，如大众点评）上产生了大量的用户参与的，对于诸如人物、事件、产品等有价值的评论信息。这些评论信息表达了人们的各种情感色彩和情感倾向性，如喜、怒、哀、乐，或者批评、赞扬等，如图 7-3 所示。基于这些因素，网络管理员可以通过浏览这些主观色彩的评论来了解大众舆论对于某一事件的看法；企业可以分析消费者对产品的反馈信息，或者检测在线评论中的差评信息等。

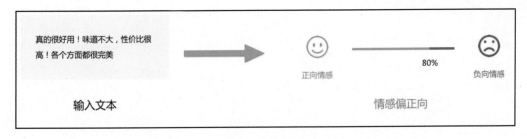

图 7-3　文本情感分析

5. 智能问答

随着互联网的快速发展，网络信息量不断增加，人们需要获取更加精确的信息。传统的搜索引擎技术已经不能满足人们越来越高的需求，而智能问答技术已经成为了解决这一问题的有效手段。智能问答系统以一问一答的形式，精确地定位回复网站用户提问时所需要的知识，通过与网站用户进行交互，为网站用户提供个性化的信息服务，如图 7-4 所示。

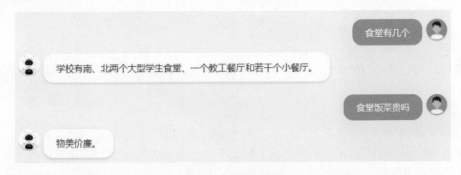

图 7-4　智能问答

智能问答系统在回答用户问题时，首先要正确理解用户所提出的问题，抽取其中的关键信息，在已有语料库或知识库中进行检索、匹配，将获取的答案反馈给用户。这一过程涉及词法、句法、语义分析的基础技术，以及信息检索、知识工程、文本生成等多项技术。

根据目标数据源的不同，问答技术大致可以分为检索式问答、社区问答及知识库问答三种。检索式问答和社区问答的核心是浅层语义分析和关键词匹配，而知识库问答则正在逐步实现知识的深层逻辑推理。

6. 个性化推荐

个性化推荐是指根据用户的兴趣特点和购买行为，向用户推荐用户感兴趣的信息和商品。个性化推荐的应用领域较为广泛，如今日头条的新闻推荐、购物平台的商品推荐、直播平台的主播推荐、知乎平台上的话题推荐等。

在电子商务方面，个性化推荐系统首先依据大数据和历史行为记录，提取用户的兴趣爱好，预测用户对给定物品的评分或偏好，实现对用户意图的精准理解，同时对语言进行匹配计算，实现精准匹配。然后，个性化推荐系统利用电子商务网站，向用户提供商品信息和建议，帮助用户决定应该购买什么产品，并模拟销售人员，帮助用户完成购买过程，如图 7-5 所示。

在新闻服务领域，通过用户阅读的内容、时长、评论等偏好，以及用户所使用的社交网络，甚至移动设备型号等，对用户所关注的信息源及核心词汇进行专业的细化分析，以进行新闻推送，实现新闻的个人定制服务，最终提升用户黏性。

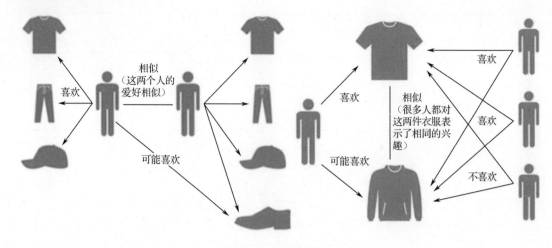

图 7-5　个性化推荐

7.1.4　自然语言处理的一般流程

计算机处理自然语言的一般流程可以分为语料获取、语料预处理、特征工程、模型训练和模型评价。

1. 语料获取

语料，即语言材料。语料是语言学研究的内容，是构成语料库的基本单元。所以，人们简单地用文本作为语料的替代品，并把文本中的上下文关系作为现实世界中语言的上下文关系的替代品。一个文本集合称为语料库（Corpus），多个文本集合称为语料库集合（Corpora）。按照来源，可以将语料分为以下两种。

（1）已有语料。很多业务部门、公司等组织随着业务发展，都会积累大量的纸质或电子文本资料。在条件允许的情况下，对这些资料稍加整合，把纸质的文本全部电子化就可以作为语料库了。

（2）网上下载、抓取语料。在缺乏相关数据时，可以选择获取国内外标准开放数据集，如国内的中文汉语数据集（搜狗语料、人民日报语料等）；也可以借助爬虫工具，从网上抓取特定数据，以准备模型训练。

2. 语料预处理

语料预处理是指对输入的语料进行预处理。在一个完整的中文自然语言处理工程应用中，语料预处理通常占整个工作量的 50%～70%，所以开发人员的大部分时间都在进行语料预处理。语料预处理主要包括以下 4 个步骤。

（1）语料清洗，即保留有用的数据，删除噪声数据。对于原始文本提取标题、摘要、正文等信息，对于爬取的网页内容，去除广告、标签、HTML、JS 等代码和注释等。常见的语料清洗方法有人工去重、对齐、删除、标注等。

（2）分词，即将文本切分成词语，如通过基于字符串匹配的分词方法、基于理解的分词方法、基于规则的分词方法、基于统计的分词方法等进行分词。

当前中文分词算法的主要难点有歧义识别和新词识别，如"羽毛球拍卖完了"，这句话可以被切分成"羽毛/球拍/卖/完/了"，也可以被切分成"羽毛球/拍卖/完/了"，如果不依赖上下文中的其他句子，恐怕很难知道如何去理解。

（3）词性标注，即给每个词或词语标上词性标签，如名词、动词、形容词等。这样做可以让文本在后面的处理过程中融入更多有用的语言信息。常用的词性标注方法有基于规则的方法、基于统计的方法，如基于最大熵的词性标注、基于统计最大概率输出词性标注和基于 HMM 的词性标注。

（4）去停用词，即去掉对文本特征没有任何贡献作用的符号、字和词语，如标点符号、语气词、人称代词、助词等。在一般性的文本处理中，分词之后就是去停用词。但是对于中文来讲，去停用词操作不是一成不变的，停用词词典是根据具体体场景来决定的。例如，在情感分析中，语气词、感叹号等是应该保留的，因为这些对表示语气程度、感情色彩有一定的贡献和意义。

3. 特征工程

做完语料预处理之后，接下来需要考虑如何把分词之后的字和词语表示成为计算机能够计算的类型。显然，如果需要计算，则至少需要把中文分词的字符串转换为数字，确切地讲就是数学中的向量。词袋模型和词向量是两种常用的表示模型。

（1）词袋模型。词袋模型（Bag Of Word，BOW），即不考虑词语原本在句子中的顺序，直接将每一个词语或符号统一放置在一个集合（如 list）中，然后按照计数的方式对词语出现的次数进行统计。统计词频只是最基本的方式，词频-逆向文件频率（Term Frequency-Inverse Document Frequency，TF-IDF）是词袋模型的一种经典用法。

TF-IDF 是一种统计方法，用以评估某个词语对于一个文件集或一个语料库中的其中一份文件的重要程度。TF-IDF 的主要思想是：如果某个词语在一篇文章中出现的词频（Term Frequency，TF）高，并且在其他文章中很少出现，则认为此词语具有很好的类别区分能力，适合用来分类。词频和逆向文件频率的计算公式分别如下：

$$词频(TF) = \frac{某个词语在文章中的出现次数}{文章的总词语数} \qquad 逆向文件频率(IDF) = \lg\left(\frac{语料库的文件总数}{包含该词语的文件数}\right)$$

例如，有一份文件的总词语数是 100 个，其中"奶牛"这个词语出现了 3 次，那么"奶牛"一词在该文件中的词频（TF）= 3÷100 = 0.03。如果"奶牛"一词在 1000 份文件中出现过，假设语料库的文件总数是 10 000 000 份，则逆向文件频率（IDF）=lg(10 000 000÷1000)=4。这里 lg 是以 10 为底。由于 TF-IDF=TF×IDF，这样就可以计算出"奶牛"在这份文件中的 TF-IDF 值为 0.03×4=0.12。

如果在同一份文件中，"是"这个词语出现了 10 次，那么"是"的词频为 10÷100=0.1。如果只考虑词频这一个参数，那么"是"这个词语在这份文件中明显比"奶牛"这个词语更重要。

但是还需要考虑逆向文件频率，假设"是"这个词语在全部的 10 000 000 份文件中都出现过，那么"是"这个词语的逆向文件频率为 lg(10 000 000÷10 000 000)=0，则"是"这个词语的 TF-IDF 值为 0.1×0=0，远不及"奶牛"这个词语重要。对于这份文件，"奶牛"这个词语比出现更多次的"是"这个词语更重要。诸如此类，出现很多次，但实际上并不包含文件特征信息的词语还有很多，如"这""也""就""的""了"等。

（2）词向量。词向量是指将字、词语转换成向量矩阵的计算模型。目前常用的词向量技术是独热编码（One-Hot Encoding），这种技术把每一个字或词语都表示为一个很长的向量。这个向量的维度是词表大小，其中绝大多数元素为 0，只有一个维度的值为 1，这个维度就代表了当前的字或词语。

假设只分析"我和你"这个句子，共有"我""和""你"这 3 个字（词语），现在将"我"

"和""你"这 3 个字（词语）分别对应 x、y、z 轴，则"我"可以向量化为[1,0,0]，"和"可以向量化为[0,1,0]，"你"可以向量化为[0,0,1]。这 3 个词向量都是正交的，可以理解为 3 个字（词语）之间没有关系。但是根据人们对语言的理解，"你"与"我"这两个字（词语）应该还是有关系的，如它们都是人称。目前的独热编码显然无法解决此类词义关联的问题。

4．模型训练

选择好特征后，接下来要做的事情就是模型训练。对于不同的应用需求，可选择不同的模型，传统的方法是监督机器学习模型和无监督机器学习模型，如 KNN、SVM、决策树、k-means等模型，深度学习模型有 CNN、RNN、LSTM、TextCNN 等。选择好模型后，就要进行模型训练，其中包括参数的微调等。在模型训练的过程中有可能出现模型在训练集中表现很好，但在测试集中表现很差的问题。

5．模型评价

模型训练好后，在上线使用之前要对模型进行必要的评价，目的是让模型对语料具备较好的泛化能力。对于二分类问题，根据真实类别与学习器预测类别的组合，可把样例划分为真正例（True Positive，TP）、假正例（False Positive，FP）、真反例（True Negative，TN）、假反例（False Negative，FN）四种情形，令 TP、FP、TN、FN 分别表示其对应的样例数，显然TP+FP+TN+FN=样例总数。分类结果的"混淆矩阵"（Confusion Matrix）如表 7-1 所示。

表 7-1　分类结果的"混淆矩阵"

真 实 情 况	预 测 结 果	
	正 例	反 例
正例	TP（真正例）	FN（假反例）
反例	FP（假正例）	TN（真反例）

7.1.5　自然语言处理的构成

依据自然语言是处理系统的输入还是输出，自然语言处理的功能也有所不同。因此，可以将自然语言处理技术划分为自然语言理解（Natural Language Understanding，NLU）技术和自然语言生成（Natural Language Generation，NLG）技术两种类型，如图 7-6 所示。

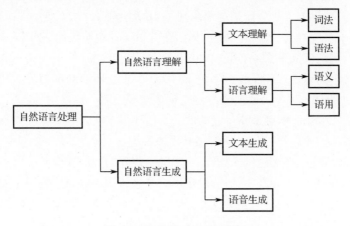

图 7-6　自然语言处理的构成

正如这两类技术字面上的意思，自然语言理解技术使计算机能够理解自然语言，也就是输入是自然语言，输出是计算机内部表示的语意。自然语言理解又包括词法、语法、语义、语用等内容。而自然语言生成技术则使计算机能够生成自然语言，即输入是计算机内部表示的语意，输出是自然语言。无论是输入还是输出，自然语言的表示可使用文本或语音这两种形式。

自然语言处理在解决具体问题时，通常既需要自然语言理解技术，也需要自然语言生成技术。例如，常见的语音助手、智能音箱等产品，为了支持用户使用自然语言（语音）调用机器的各种功能，产品不仅需要理解用户在说什么，而且还需要做出特定的动作以满足用户的需求，如回答"您要找的资料在这个列表中"。在理解用户话语和意图时，机器需要使用自然语言理解技术；在以文本或语言的形式回应用户时，机器需要使用自然语言生成技术。

7.2 自然语言理解

7.2.1 自然语言理解的难点

比尔·盖茨认为："自然语言理解是人工智能皇冠上的明珠。"

对自然语言的准确理解是很困难的，造成困难的根本原因是自然语言的文本和对话中广泛存在的歧义性（或多义性）。而消除歧义需要大量的知识，包括语言学知识（如词法、句法、语义、语用等）和世界知识（与语言无关）。将这些知识较完整地加以收集和整理，再找到合适的形式，将它们存入计算机系统中，以及有效地利用它们来消除歧义……这些都是工作量极大且十分困难的工作。这不是少数人在短时期内就可以完成的，还有待进行长期的、系统的工作。

一个中文文本或一个汉字串（含标点符号等）可能有多个含义，它是自然语言理解中的主要困难和障碍。反过来，一个相同或相近的意义同样可以用多个中文文本或多个汉字串来表示。因此，自然语言的形式（字符串）与其意义之间是一种多对多的关系，这也正是自然语言的魅力所在。但从计算机处理的角度看，必须消除歧义，即要把带有潜在歧义的自然语言输入并转换成某种无歧义的计算机内部表示，这正是自然语言理解中的中心问题。

自然语言中有很多含糊的词句，如"开刀的是他父亲"，有"接受开刀的是他父亲"和"主持开刀的是他父亲"两种理解，这是由语义不明确造成的歧义，通常需要在上下文中提供更多的相关知识，才能消除歧义。

消除歧义是目前自然语言处理面临的最大困难，它的根源是人类语言的复杂性和语言描述的外部世界的复杂性。人类语言承担着人类表达情感、交流思想、传播知识等重要功能，因此需要具备强大的灵活性和表达能力，而理解语言所需要的知识又是无止境的。自然语言理解一直是一个深奥的课题。虽然自然语言只是人工智能的一部分（人工智能还包括计算机视觉等），但它非常独特。目前，有许多生物都拥有超过人类的视觉系统，但只有人类才拥有高级语言。完全理解和表达语言是极其困难的，完美的语言理解等价于实现人工智能。

7.2.2 自然语言理解的层次

自然语言理解是层次化的过程，许多语言学家把这一过程分为 5 个层次，以更好地体现语言本身的构成。这5个层次分别是语音分析、词法分析、句法分析、语义分析和语用分析，如图7-7所示。

图7-7　自然语言理解的5个层次

1. 语音分析

在有声语言中，最小的、可独立的声音单元是音素。音素是一个或一组音。音素分为元音与辅音两大类。音节在语音学上是指由一个或数个音素组成的语音结构基本单位。例如，汉语音节啊（ā）只有一个音素，爱（ài）有两个音素，代（dài）有三个音素等。

语音分析就是要根据音位规则，从语音流中区分出一个个独立的音素，再根据音位形态规则查找出音节及其对应的词素或词，进而由词到句，识别出一句话的完整信息，然后再将其转换为文字。因此，语音分析是自然语言理解的核心。

2. 词法分析

词法分析是指找出词汇的各个词素，从中获得语言学的信息。词法分析的性能直接影响句法分析和语义分析的成果。词语是汉语中能够独立的最小语言单位，但是不同于英语，汉语的书面语中并没有将单个的词语用空格符号隔开，因此汉语的自然语言理解的第一步便是从句子中切分出单词（词语）。正确的分词取决于对文本语义的正确理解，而分词又是理解语言的第一道工序。这样的一个"鸡生蛋，蛋生鸡"的问题自然成为对于汉语的自然语言理解的第一个拦路虎。

例如，"台州市长潭水库"这一短语进行分词后可能会得到"台州市/长潭水库"和"台州市长/潭水库"两种不同的结果，不同的分词方法将导致短语有不同的含义。如果不依赖上下文中其他的句子，就很难理解该短语的含义。

分词后需要对词语进行词性标注。词性标注是指为给定句子中的每个词语赋予正确的词法标记。给定一个分词后的句子，词性标注的目的是为句子中的每一个词语赋予一个类别，这个类别称为词性标记，如名词（Noun）、动词（Verb）、形容词（Adjective）等。

例如，对语句"就读清华大学"进行分词，得到"就读"和"清华大学"这两个词语，通过词性标注模块处理，可以得到词语"就读"的词性标记为动词，以及词语"清华大学"的词性标记为专有名词。

3. 句法分析

句法分析是对句子和短语的结构进行分析，目的是找出词语、短语等的相互关系及各自在句子中的作用。举例如下。

"反对/的/是/少数人"可能存在歧义，即到底是少数人提出反对，还是少数人被反对。

"咬死了/猎人/的/狗"可能存在歧义，即到底是咬死了属于猎人的一只狗，还是一只咬死了猎人的狗。

4. 语义分析

语义分析是找出词义、结构意义及其结合意义，从而确定语言所表达的真正含义或概念。

例如，"你约我吃饭"和"我约你吃饭"虽然字完全相同，但意思是完全不同的，这叫作语义分析。

5. 语用分析

语用分析主要研究语言所存在的外界环境对语言使用者所产生的影响。

例如，"我要一个冰淇淋"，语义上似乎明确，但其在不同的上下文中会有不同的含义。如果是一个小孩子和妈妈说要吃一个冰淇淋，这叫作请求；如果是顾客到店里，这可能是一个交易行为的发起。所以，语义上似乎明确的一句话，在不同的上下文中也可能会有不同的含义。

7.3 机器翻译

机器翻译，又称自动翻译，是利用计算机把一种语言翻译成另外一种语言的过程。源语言用 Source 标记，目标语言用 Target 标记，把中文翻译成英文的例子如图 7-8 所示。机器翻译的任务就是把源语言的句子翻译成目标语言的句子。机器翻译是人工智能的终极目标之一。

图 7-8　把中文翻译成英文

7.3.1　机器翻译的基本原理

机器翻译时，需要解决如下两个问题。

（1）译文选择。在翻译一个句子时，会面临很多选词的问题，因为语言中一词多义的现象比较普遍。例如，在如图 7-8 所示中，源语言句子中的"看"，可以翻译成 look、watch、read 和 see 等词，如果不考虑后面的宾语"书"，那么这几个词都是可以使用的。在本例的句子中，只有机器翻译系统知道"看"的宾语是"书"，才能做出正确的译文选择，把"看（书）"翻译为 read（a book）。

（2）译文顺序的调整。由于文化习惯及语言发展上的差异，不同语言在表述时，词语的排列顺序是不一样的。在如图 7-9 所示中，中文"在周日"放在句子前面，而"on Sunday"这样的时间状语在英语中经常被放在句子后面。再比如，在中文与日语中，中文的句法是"主谓宾"，而日语的句法是"主宾谓"，日语把谓语放在句子最后。例如，中文说"我吃饭"，那么在日语就会说"我饭吃"。当句子变长时，语序调整会更加复杂。

图 7-9　译文顺序的调整

7.3.2　机器翻译的方法

机器翻译的方法主要有基于规则的翻译方法、基于统计的翻译方法和基于神经网络的翻译方法等三种。

1. 基于规则的翻译方法

基于规则的翻译方法的翻译知识来自人类专家。人类语言学家撰写翻译规则，如将一个词语翻译成另外一个词语、词语在句子中出现在什么位置等，都用规则表示出来。这种方法的优点是直接使用人类语言学家的知识，准确率较高。这种方法的缺点是成本较高。例如，若要开发中文和英文的翻译系统，则需要同时会中文和英文的语言学家进行技术支持。而若要开发另外一种语言的翻译系统，就需要会另外一种语言的语言学家进行技术支持。因此，基于规则的翻译系统开发周期长，且开发成本高。此外，该系统还面临规则冲突的问题。随着规则数量的增多，规则之间互相制约并互相影响。有时，为了解决一个问题而写的一个规则，可能会给其他句子的翻译带来一系列问题。而为了解决这一系列问题，不得不引入更多的规则，从而导致恶性循环。

基于规则的翻译方法如图 7-10 所示。

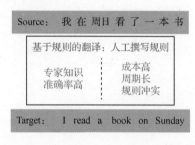

图 7-10　基于规则的翻译方法

2. 基于统计的翻译方法

基于统计的翻译方法需要使用语料库，其翻译知识来自大数据的自动训练。

翻译知识主要来自两类训练数据：①平行语料，也称双语语料，例如，一句中文对应一句英文，并且中文和英文是互为对应关系的；②单语语料，如只有英文，没有中文。

翻译模型从平行语料中能学到类似词典的一个表，一般称为"短语表"。例如，"在周日"可以翻译成"on Sunday"。"短语表"中还有一个概率值，用来衡量两个词语或短语对应的可能性。这样，"短语表"就建立起两种语言之间的桥梁关系。基于统计的翻译方法如图 7-11 所示。

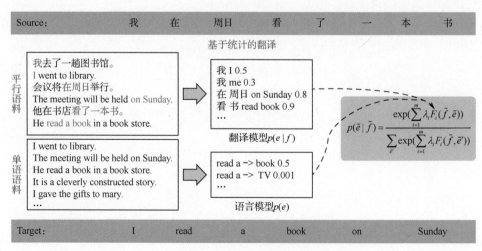

图 7-11　基于统计的翻译方法

单语语料也可用来训练语言模型。语言模型用来衡量一个句子在目标语言中是不是地道，是不是流利。例如，"read a book"这个表述是没有问题的，"read a"后面跟一个"book"这个词的概率可能是 0.5，而"read a TV"的概率就很低，只有 0.001，因为这不符合目标语言的语法。

所以，翻译模型建立起两种语言的桥梁，语言模型是衡量一个句子在目标语言中是不是流利和地道。这两种模型结合起来，加上其他的一些特征，就形成了一个基于统计的翻译方法。

3. 基于神经网络的翻译方法

基于神经网络的翻译近年来迅速崛起。相比于基于统计的翻译方法，基于神经网络的翻译方法从模型上来讲相对简单。基于神经网络的翻译方法主要包含两个部分：一个部分是编码器，另一个部分是解码器。编码器负责把源语言经过一系列的神经网络的变换后，表示为一个高维向量。解码器负责把这个高维向量再重新解码（翻译）为目标语言。基于神经网络的翻译方法如图 7-12 所示。

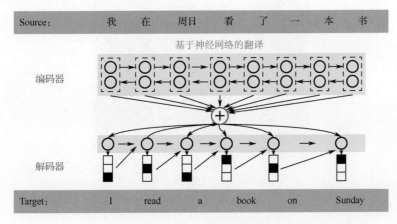

图 7-12 基于神经网络的翻译方法

随着深度学习技术的发展，基于神经网络的翻译方法自 2014 年逐渐兴起。2015 年，百度公司发布了全球首个互联网神经网络翻译系统。短短三四年的时间，基于神经网络的翻译方法在大部分的语言翻译方面已经超越了基于统计的翻译方法。

目前，评价机器翻译的译文质量主要有两种方式。第一种方式是人工评价。中国近代启蒙思想家、翻译家严复提出了翻译的三原则：信、达、雅。"信"是指译文意思不悖原文，即译文要准确，不偏离、不遗漏，也不要随意增减意思；"达"是指不拘泥于原文形式，译文要通畅明白；"雅"则指翻译时选用的词语要得体，追求文章本身的古雅，内容要简明优雅。目前，机器翻译水平还远没有达到可以用"雅"来衡量的状态。第二种方式是自动评价。自动评价能够快速地反映出机器翻译质量的好坏，相比人工评价而言，自动评价的成本更低、效率更高。

7.3.3 机器翻译的应用

机器翻译已被广泛应用于计算机辅助翻译软件，以更好地辅助专业翻译人员提升翻译效率。随着机器翻译技术的快速发展，其逐渐走向了实用化，与更多其他的人工智能技术有效地结合起来，让人们看到了真正实现"巴别塔之梦"的希望。

1. 翻译机

从出国旅行，到国际文化交流，再到对外贸易，语言障碍是一个天然的痛点。因此，许多商家，如百度、科大讯飞等公司，结合文字识别技术和语音识别技术，推出了具有丰富实用功能的翻译机产品，如图 7-13 所示。该类产品可以实时地通过摄像头的取景框来采集外文景点指示牌、菜单、说明书和实物等上面的文字，并进行翻译；再结合语音技术的会话翻译，可以帮助用户实现不同语种的无障碍交流。

图 7-13　翻译机产品

2. 语音同传技术

同声传译广泛应用于国际会议等多语言交流的场景。搜狗等公司推出的语音同传技术，可以将演讲者的语音实时转换成文本，并能进行同步翻译，低延迟显示翻译结果，有望能够取代从业门槛较高的人工同传，实现不同语言间低成本的有效交流。搜狗同传 3.0 技术框图如图 7-14 所示。

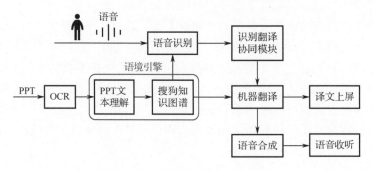

图 7-14　搜狗同传 3.0 技术框图

3. 跨语言检索

目前，中文信息只占世界信息总量的 10%。面对逐年增加的跨语言检索需求，搜狗公司推出了海外搜索系统。该系统将机器翻译和信息检索技术进行了结合，无论用户输入中文还是英文，系统都会从海量优质的英文网页中搜索出用户需要的结果，并应用国际领先的机器翻译技术，自动对其进行翻译，为用户提供原文、翻译、双语这 3 个页面的搜索结果。海外搜索系统如图 7-15 所示。

图 7-15 海外搜索系统

4. 助力翻译行业升级

机器翻译加后期编辑是机器翻译和传统人工翻译相结合的产物。顾名思义，后期编辑是指在机器翻译完成之后，翻译人员对文本进行编辑，以提高翻译的准确性、清晰度和流畅性，即由人工编辑将翻译的精细度提升至机器所不能达到的高度。机器翻译和传统翻译行业相结合，可以利用机器翻译提高传统翻译行业的效率，提升商业价值。

7.4 语音识别

语言是人与人之间最重要的交流方式，能够与机器进行自然的人机交流是人类一直期待的事情。随着人工智能的快速发展，作为人机交流接口的关键技术，语音识别技术发展迅速。

7.4.1 语音识别的定义

语音识别，通常被称为自动语音识别（Automatic Speech Recognition，ASR），主要功能是将人类语音中的词汇内容转换为计算机可读的输入，一般为可以编辑的文本内容或字符序列。语音识别如同机器的听觉系统，它使机器通过识别和理解，将语音信号转换为相应的文本或命令。

目前，语音识别系统主要包括孤立语音识别系统和连续语音识别系统，特定人语音识别系统和非特定人语音识别系统，大词汇量语音识别系统和小词汇量语音识别系统，以及嵌入式语音识别系统和服务器模式语音识别系统。

自然语言只是在句尾或文字需要加标点的地方有间断，其他部分都是连续发音。以前的语音识别系统主要是以单字或单词语为单位的孤立语音识别系统。近年来，连续语音识别系统已经逐渐成为主流。根据声学模型建立的方式，特定人语音识别系统在前期需要大量的用户发音数据来训练模型。非特定人语音识别系统则在系统构建成功后，不需要事先进行大量语音数据训练就可以使用。在语音识别技术的发展过程中，词汇量是不断积累的，随着词汇量的增大，对系统的稳定性要求也越来越高，系统的成本也越来越高。例如，一个识别电话号码的系统只需要听懂 10 个数字就可以了，一个订票系统就需要能够识别各地地名，而识别一篇报道稿就需要一个拥有大量词汇的语音识别系统。

语音识别是一项融合多学科知识的前沿技术，覆盖了数学、统计学、声学、语言学、模式识别理论及神经生物学等学科。自 2009 年深度学习技术兴起之后，语言识别技术的发展已经取得了长足进步。语音识别的精度和速度取决于实际应用环境，在安静环境、标准口音、常见词汇场景下的语音识别准确率已经超过 97%，具备了与人类相仿的语言识别能力。

7.4.2　语音识别的发展历程

20 世纪 50 年代，语音识别的研究工作开始。1952 年，贝尔实验室研发出了世界上第一个能够识别 10 个英文数字发音的实验系统。此时，语音识别的重点是探索和研究声学和语音学的基本概念及原理。

20 世纪 60 年代开始，卡耐基梅隆大学的雷伊·雷蒂（Raj Reddy）等人开展了连续语音识别的研究，但是进展很缓慢。1969 年，贝尔实验室的约翰·皮尔斯（John Pierce）甚至在一封公开信中，将语音识别比作近几年不可能实现的事情。

20 世纪 80 年代开始，以隐马尔可夫模型的统计方法为代表的基于统计模型的方法逐渐在语音识别研究中占据了主导地位。该方法能够很好地描述语音信号的短时平稳特性，并能将声学、语言学、句法等知识集成到同一框架中。此后，该方法的研究和应用逐渐成为主流。第一个"非特定人连续语音识别系统"是当时还在卡耐基梅隆大学读书的李开复研发的 SPHINX 系统。20 世纪 80 年代后期，人工神经网络已成为语音识别研究的一个主要方向。但这种浅层神经网络在语音识别任务上的效果一般，其表现并不如隐马尔可夫模型。

自 20 世纪 90 年代开始，语音识别掀起了第一次研究和产业应用的小高潮。该时期，剑桥大学发布的隐马尔可夫开源工具包大幅度降低了语音识别研究的门槛。在此后的将近 10 年的时间中，语音识别的研究进展一直比较有限，基于隐马尔可夫模型的语音识别系统的整体效果还远远达不到实际应用的水平，语音识别的研究和应用陷入了瓶颈。

2006 年，杰弗里·辛顿提出了深度置信网络，它解决了深度神经网络训练过程中容易陷入局部最优解的问题，深度学习的大潮自此正式拉开。2009 年，杰弗里·辛顿和他的学生将深度置信网络应用在语音识别声学建模中，并且在小词汇量连续语音识别数据库中获得了成功。2011 年，深度神经网络在大词汇量连续语音识别上获得成功，取得了近 10 年来最大的突破。从此，基于深度神经网络的建模方式正式取代了隐马尔可夫模型，成为主流的语音识别模型。

7.4.3　语音识别系统

语音识别其实是一个模式识别匹配的过程，就像人们听语音时并不会把语音和语言的语法结构、语义结构分离开来。因为，当语音发音模糊时，人们可以用这些知识来指导对语言的理解过程；但是对机器来说，语音识别系统也要利用这方面的知识，只是在有效地描述这些语法和语义时还存在一些困难。

语音识别系统一般可以分为前端和后端两部分，如图7-16所示。

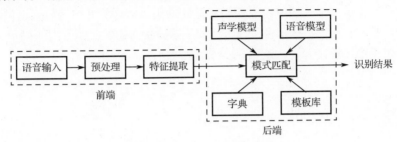

图 7-16　语音识别系统结构图

前端包括语音输入、预处理、特征提取。前端的作用是对输入的语音信号进行滤波，删除非语音声音，降低噪声并进行特征提取。

后端包括声学模型、语音模型、字典和模板库。声学模型通过训练来识别特定人语音模型和发音环境特征；语音模型涉及中文信息处理的问题，在处理过程中要给语料库单词的规则化建立一个概率模型；字典则列出了大量的单词和发音规则；模板库是语音模板的集合。后端的作用是对前端进行预处理和对特征提取后的信号进行模式识别。

在识别过程中，计算机通过将已经训练好的"声学模型""语音模型"及字典与输入的语音信号的特征进行比较，根据一定的搜索和匹配策略，在模板库中找出最优的与输入语音匹配的模板，然后输出识别结果。

语音识别的过程如下。

首先，语音通过送话器将语音信号转换成电脉冲信号，并输入语音识别系统，语音识别系统对语音信号进行预处理，如滤波、采样、量化等。然后，通过人类的语言特点建立人类语音信号模型，对输入的语音信号进行分析，抽取所需的特征，并在此基础上建立语音识别所需要的模板。在识别过程中，计算机根据语音识别的整体模型，将计算机中已经存在的语音模板与输入的语音信号的特征进行比较，并根据一定的搜索和匹配策略找出一系列最优的、与输入语音匹配的模板，通过查表和判决算法给出识别结果。显然，识别结果的准确率与语音特征的选择、语音模型和语音模板的好坏及准确度有关。

语音识别系统的性能受多个因素的影响，如不同的讲话人、不同的语言及同一种语言不同的发音和说话方式等。提高系统的稳定性就是要提高系统克服这些因素的能力，使系统能够适应不同的环境。

7.4.4　语音识别的应用

语音识别已经得到越来越广泛的应用，并成为人工智能领域中不可或缺的一部分。它可以将我们的语音转化为计算机能够识别和处理的信号，并将其应用于以下领域。

微课：谷歌助手拨打电话预约理发

（1）智能家居。利用语音识别技术可以在家庭中实现人机交互，实现家庭环境的智能化控制，如对灯光、音响、空调等家电设备的控制，从而提高人们的生活品质。例如，通过说出"小度小度，把客厅电视打开"就可以迅速打开电视。

（2）智能交通。利用语音识别技术可以实现智能驾驶和智能交通控制，如语音导航等。在保证驾驶安全的前提下，司机可以通过说出指令来控制车辆，而无须分心操作屏幕或按钮。

（3）智能医疗。语音识别技术可以被广泛应用于医疗记录、医学诊断、医学研究和医学教育等方面。医生可以通过语音快速记录病历和诊断结果，从而更好地为病人提供诊疗服务。

（4）智能客服。语音识别技术也可以被应用于客户服务，尤其是针对不同语言的客户。客户可以通过说出指令来解决问题，从而减少语言沟通的障碍，并提高客户满意度。

7.5 语音合成

7.5.1 语音合成概述

语音合成，又称文语转换（Text to Speech）技术，是通过机械的、电子的方法产生人造语音的技术，能够将任意文字信息实时转换为标准流畅的语音，相当于给机器装上了人工"嘴巴"。语音合成涉及声学、语言学、数字信号处理、计算机科学等多个学科，是文字信息处理领域的一项前沿技术。语音合成可以在任何时候将任意文本转换成具有高自然度的语音，从而真正实现让机器"像人一样开口说话"。

20 世纪 80 年代末期，语音合成技术取得了重大突破，特别是基音同步叠加方法的提出，使基于时域波形拼接方法合成语音的音色和自然度大大提高。20 世纪 90 年代初，基于基音同步叠加方法的法语、德语、英语等语种的文语转换系统都已经研制成功，且具有较高的自然度。同时，基于基音同步叠加方法的合成器结构简单且易于实时实现，有很大的商用前景。

我国的汉语语音合成研究起步较晚，但从 20 世纪 80 年代初就已与其他国家的研究同步发展。在国家高技术研究发展（863 计划）、国家自然科学基金委员会、国家科技攻关计划、中国科学院有关项目等的支持下，我国相继研发了联想佳音（1995）、清华大学 TH_SPEECH（1993）、中国科技大学 KDTALK（1995）等系统，这些系统多采用基于基音同步叠加方法的时域波形拼接技术，其合成的汉语普通话的可懂度、清晰度都达到了很高的水平。

语音合成过程共有三个步骤，分别是语言处理、韵律处理和声学处理。

（1）语言处理：在文语转换系统中起着重要的作用，主要模拟人对自然语言的理解过程——文本规整、词语切分、语法分析和语义分析，使计算机能够完全理解输入的文本，并给出韵律处理和声学处理所需的各种发音提示。

（2）韵律处理：为合成语音规划出音段特征，如音高、音长和音强等，使合成语音能正确表达语意，听起来更加自然。

（3）声学处理：根据语言处理和韵律处理结果的要求输出语音，即合成语音。

7.5.2 语音合成的应用

随着语音合成技术的发展，语音合成的应用十分广泛，其典型应用场景如下。

（1）阅读听书：使用语音合成技术的阅读类 App 能够为用户提供多种语音库的朗读功能，

释放用户的双手和双眼，用户能够获得更极致的阅读体验。

（2）资讯播报：提供专门为新闻资讯播报场景打造的特色语音库，让手机、音箱等设备化身"专业主播"，随时随地为用户播报新闻资讯。

（3）订单播报：可应用于打车软件、餐饮叫号、排队软件等场景，通过语音合成播报订单，让用户便捷地获取通知信息。

（4）智能硬件：可集成到儿童故事机、智能机器人、平板设备等智能硬件设备中，使用户设备的交互更自然、更亲切。

7.6 本章实训

7.6.1 实训1：体验百度在线翻译

微课：体验百度在线翻译

（1）在浏览器中打开"百度翻译"页面，如图7-17所示。

图7-17 "百度翻译"页面

（2）在页面左侧的文本框中输入中文"我爱学人工智能"，在页面右侧自动得到英文译文"I love learning artificial intelligence"。请读者尝试设置目标语言为俄语、法语、德语等，查看译文结果。

（3）百度在线翻译还可翻译文档、图片中的内容，请读者自行练习。

7.6.2 实训2：体验讯飞AI

微课：体验讯飞AI

通过手机微信小程序"讯飞AI体验栈"，体验人工智能的作用和价值。

（1）在手机微信中搜索"讯飞AI体验栈"小程序，如图7-18所示。

（2）打开"讯飞AI体验栈"小程序主界面，如图7-19所示，点击"语音合成"选项，出现"语音合成"界面，如图 7-20 所示。

（3）在文本框中输入文字"我爱学习"，然后点击"立即播放"按钮，即可合成语音"我爱学习"并播放。

"讯飞 AI 体验栈"小程序的功能十分强大，请读者练习其他功能，体验人工智能的作用和价值。

图 7-18　搜索"讯飞 AI 体验栈"　　图 7-19　"讯飞 AI 体验栈"主界面　　图 7-20　"语音合成"界面

7.7　拓展知识："讯飞星火"开启个性化 AI 助手新时代

2023 年 10 月 24 日，第六届世界声博会暨 2023 科大讯飞全球 1024 开发者节（以下简称"1024 开发者节"）在安徽省合肥市开幕，科大讯飞公司发布了全新升级的"讯飞星火"认知大模型 V3.0。该模型在 7 大核心能力上超越了 ChatGPT，并在医疗领域超越了 GPT-4。同时，该系统引入了启发式对话和 AI 人设功能，为用户提供更个性化的 AI 助手。

为了进一步推动大模型在各行各业的广泛应用，科大讯飞公司与行业领军企业携手发布了涵盖金融、汽车、运营商、工业、住建、物业、法律等 12 个行业的大模型，助力产业升级。在 1024 开发者节现场，科大讯飞公司还与华为公司强强联合，发布了基于昇腾生态的"飞星一号"大模型算力平台，为自主创新提供坚实的算力基础。

1. 升级 AI 人设，让每个人都拥有私人 AI 助手

科大讯飞公司的讯飞星火大模型自 2023 年 9 月 5 日向全民开放以来，已拥有 1200 万个用户。用户对大模型有更高的期待，希望它不仅能够回答问题，还能够提出问题；不仅要有知识，还要有个性。科大讯飞公司刘庆峰董事长指出，大模型需要实现从多轮对话、主动对话再到启发式对话的跨越，以推动大模型在行业内的纵深应用。为此，讯飞星火大模型 V3.0 新增了虚拟人格功能，可以根据性格模拟、情绪理解、表达风格等形成一个初始人设，再结合特定知识学习、对话记忆学习，形成一个更加个性化的 AI 人设。目前，虚拟人格的应用"星火友伴"已上线，用户可以定义友伴的"人格"，与不同人物性格的角色对话。

2. 星火心理伙伴，青少年心理健康的坚强后盾

科大讯飞公司推出了基于讯飞星火大模型的 AI 心理伙伴"小星"。"小星"具备多模式情感识别、共情表达、寻因式提问和个性化心理指导等四大核心能力，并拥有 10 亿多条心理类数据、40 万篇期刊文献、100 万个脱敏心理对话案例和 550 万个心理评估数据。21 所高中连续两年的心理普查数据显示，使用科大讯飞青少年"减压星球"后，学生的抑郁、冲动、自责、学习焦虑、社交焦虑和孤独等 6 种心理问题均有所减少。例如，存在抑郁情绪的学生，同比减少了 8%。AI 心理伙伴"小星"能够理解孩子的心声，主动回应并给出解决问题的个性化指导建议，同时生成心理咨询报告，并将预警信息发送给心理老师。迄今为止，科大讯飞青少年"减压星球"已经应用于 3202 所学校，为 259 万名中小学生提供了服务。

3. 打造专属家庭 AI 健康助手，让健康生活触手可及

讯飞星火医疗大模型在发布会上正式发布，该模型将应用于讯飞晓医 App。此应用旨在帮助用户准确表述病情、了解药物禁忌及识别健康异动。刘庆峰董事长表示，讯飞晓医 App 已通过国家执业医师资格考试，并成为 AI 诊疗助理，助力医生诊疗。现在，讯飞晓医 App 将面向各个家庭，打造每个人的 AI 健康助手。

据统计，目前我国全科医生缺口达 30 万人，导致医生坐诊为患者看病的时间有限。使用讯飞晓医 App 可提高问诊效率达 40%；目前我国每年零售药店购药人次达 67 亿，非处方用药占比 45%，讯飞晓医 App 可帮助用户合理用药，高风险用药召回率提升 90%；目前我国每年体检人次 5.5 亿，讯飞晓医 App 可生成重点及健康提醒，帮助人们"对症复诊"。

讯飞星火医疗大模型的核心能力得益于其实际使用数据，目前涉及 12 万例病例。根据国家科技信息资源综合利用与公共服务中心（STI）的第三方测试数据，该模型在医疗知识问答、语言理解、文本生成和诊断治疗推荐等方面全面超越了 GPT-4。

此次 1024 开发者节的成功举办，使人们看到了通用人工智能领域发展的新活力。这一盛会不仅为全球范围内的科技爱好者和从业者提供了一个交流与合作的平台，更为人工智能技术的创新发展注入了源源不断的动力。

7.8 本章习题

一、单项选择题

1. 自然语言处理的缩写是（　　）。

A. NIP　　　　　　　B. NLP　　　　　　　C. IPL　　　　　　　D. IP

2. 自然语言处理是通过计算机技术利用机器处理（　　）的理论和技术。

A. 编程语言　　　　B. 图像　　　　　　C. 人类语言　　　　D. 视频

3. 自然语言处理主要由（　　）构成。

A. 自然语言理解和自然语言生成　　　　B. 自然语言识别和自然语言分析

C. 自然语言提取和自然语言生成　　　　D. 自然语言理解和自然语言分析

4. 自然语言理解是人工智能的重要应用领域，以下不属于自然语言理解的实现目标的是

（　　）。

A．理解别人讲的话

B．对自然语言表示的信息进行分析、概括或编辑

C．自动程序设计

D．机器翻译

5．可以通过语音调节水温或室温的技术是（　　）。

A．机器翻译　　　　　B．情绪分析　　　　　C．注意力机制　　　　D．语音识别

6．将一种语言转换成另一种语言的过程属于（　　）技术。

A．机器翻译　　　　　B．文本分类　　　　　C．语义分析　　　　　D．语音识别

7．词义消歧和篇章分析属于（　　）技术的常见研究方法。

A．机器翻译　　　　　B．语义分析　　　　　C．语音识别　　　　　D．情绪分析

8．语音识别实现的是人类的（　　）。

A．感知智能　　　　　B．认知智能　　　　　C．运算智能　　　　　D．觉知智能

9．以下不属于语音识别应用的是（　　）。

A．智能音箱　　　　　B．苹果的 Siri　　　　C．微软的 Cortana　　　D．身份证识别

二、简答题

1．什么是自然语言处理？

2．自然语言理解过程有哪些层次？各层次的实现的功能是什么？

3．机器翻译的方法有哪些？

4．什么是语音识别？简述语音识别的过程。

5．什么是语音合成？语音合成有哪些应用？

参 考 文 献

[1] 吴倩，王东强. 人工智能基础及应用[M]. 北京：机械工业出版社，2023.

[2] 王忠，谢磊，汪卫星. 人工智能基础教程[M]. 北京：人民邮电出版社，2023.

[3] 牛百齐，王秀芳. 人工智能导论[M]. 北京：机械工业出版社，2023.

[4] 杨洪雪. 人工智能应用基础[M]. 北京：机械工业出版社，2023.

[5] 马苗，杨楷芳，裴炤，等. 人工智能概论[M]. 西安：西安电子科技大学出版社，2023.

[6] 王万良，王铮. 人工智能应用教程[M]. 北京：清华大学出版社，2023.

[7] 郭福春，潘明风，王志. 人工智能概论[M]. 第2版. 北京：高等教育出版社，2023.

[8] 范煜. 人工智能与ChatGPT[M]. 北京：清华大学出版社，2023.

[9] 丁艳. 人工智能基础与应用[M]. 北京：机械工业出版社，2020.

[10] 张广渊，周风余，朱振方. 人工智能概论[M]. 第2版. 北京：中国水利水电出版社，2022.

[11] 杨缨，李佳. 人工智能应用基础[M]. 北京：中国水利水电出版社，2022.

[12] 任云晖，丁红，徐迎春. 人工智能概论[M]. 第2版. 北京：中国水利水电出版社，2022.

[13] 许春艳，杨柏婷，张静，等. 人工智能导论（通识版）[M]. 北京：电子工业出版社，2022.

[14] 罗先进，沈言锦. 人工智能应用基础[M]. 北京：机械工业出版社，2021.

[15] 董彧先，迟俊鸿，秦武，等. 人工智能基础项目教程[M]. 北京：清华大学出版社，2023.

[16] 王飞，潘立武. 人工智能导论[M]. 北京：中国水利水电出版社，2022.

[17] 耿煜，任领美，李永红，等. 人工智能基础[M]. 北京：电子工业出版社，2022.

[18] 周永福，韩玉琪，王巧巧. 人工智能基础[M]. 北京：中国水利水电出版社，2022.

[19] 宋楚平，陈正东，邵世智，等. 人工智能基础与应用[M]. 北京：人民邮电出版社，2023.

[20] 李铮，黄源，蒋文豪. 人工智能导论[M]. 北京：人民邮电出版社，2021.

[21] 余明辉，詹增荣，汤双霞，等. 人工智能导论[M]. 北京：人民邮电出版社，2021.

[22] 王海宾，石浪，刘霞，等. 人工智能基础与应用[M]. 北京：电子工业出版社，2021.

[23] 姜春茂. 人工智能导论[M]. 北京：清华大学出版社，2021.

[24] 余平，张春阳，袁点，等. 人工智能基础[M]. 北京：中国水利水电出版社，2021.

[25] 马月坤，陈昊. 人工智能导论[M]. 北京：清华大学出版社，2021.

[26] 张翼英，张茜，张传雷. 人工智能导论[M]. 北京：中国水利水电出版社，2021.

[27] 韩雁泽，刘洪涛，曹忠明，等. 人工智能基础与应用（微课版）[M]. 北京：人民邮电出版社，2021.

[28] 刘鹏，程显毅，李纪聪. 人工智能概论[M]. 北京：清华大学出版社，2021.

[29] 何琼，楼桦，周彦兵. 人工智能技术应用[M]. 北京：高等教育出版社，2020.

[30] 史荧中，钱晓忠. 人工智能应用基础[M]. 北京：电子工业出版社，2020.

[31] 邵明东，李伟，张艺耀，等. 人工智能基础[M]. 北京：电子工业出版社，2020.

[32] 廉师友. 人工智能概论[M]. 北京：清华大学出版社，2020.

[33] 周苏，鲁玉军，蓝忠华，等. 人工智能通识教程[M]. 北京：清华大学出版社，2020.

[34] 肖汉光，王勇，黄同愿，等. 人工智能概论[M]. 北京：清华大学出版社，2020.

[35] 李如平，程晨，吴房胜. 人工智能导论[M]. 北京：电子工业出版社，2020.

[36] 聂明. 人工智能技术应用导论[M]. 北京：电子工业出版社，2019.